中等职业教育课程改革国家规划新教材
全国中等职业教育教材审定委员会审定

电子技术基础与技能

第 2 版

主　编　王廷才　刘娇月
参　编　任　燕　倪江楠　陆　剑
　　　　赵丹丹　王明绪　刘　斌

扫一扫二维码
观看教学视频

机械工业出版社

本书是 2010 年出版的中等职业教育课程改革国家规划新教材《电子技术基础与技能（电气电力类）》的第 2 版。编者根据教学实践，并综合全国各职业院校对第 1 版书反馈的建议，对部分内容进行了修订。

本书的主要内容共分两篇：模拟电子技术篇包括二极管及其应用、晶体管及放大电路基础、常用放大器、正弦波振荡电路、直流电源、电力电子器件及应用；数字电子技术篇包括数字电路基础、组合逻辑电路、触发器、时序逻辑电路、脉冲波形产生与变换、数-模和模-数转换。

本书注重实践技能的培养和训练，内容力求少而精，理论联系实际。为方便教学，本书配套有电子教案、助教课件、教学视频、仿真软件操作录屏文件及题库等教学资源，同时提供二维码操作视频在线观看。选用本书作为教材的教师可通过扫一扫观看或来电 010-88379195 索取，或登录www. cmpedu. com 网站，注册、免费下载。

本书可作为中等职业学校电气电力类专业教材，也可作为维修电工、电气设备安装工等工种的岗位培训教材。

图书在版编目（CIP）数据

电子技术基础与技能/王廷才，刘娇月主编. —2 版. —北京：机械工业出版社，2016.5（2023.6 重印）

中等职业教育课程改革国家规划新教材

ISBN 978-7-111-53372-6

Ⅰ. ①电⋯　Ⅱ. ①王⋯ ②刘⋯　Ⅲ. ①电子技术-中等专业学校-教材　Ⅳ. ①TN

中国版本图书馆 CIP 数据核字（2016）第 064615 号

机械工业出版社（北京市百万庄大街 22 号　邮政编码 100037）
策划编辑：赵红梅　责任编辑：赵红梅　责任校对：刘志文
封面设计：马精明　责任印制：李　昂
河北鑫兆源印刷有限公司印刷
2023 年 6 月第 2 版第 13 次印刷
184mm×260mm·14.75 印张·359 千字
标准书号：ISBN 978-7-111-53372-6
定价：39.00 元

中等职业教育课程改革国家规划新教材
出 版 说 明

为贯彻《国务院关于大力发展职业教育的决定》（国发［2005］35号）精神，落实《教育部关于进一步深化中等职业教育教学改革的若干意见》（教职成［2008］8号）中关于"加强中等职业教育教材建设，保证教学资源基本质量"的要求，确保新一轮中等职业教育教学改革顺利进行，全面提高教育教学质量，保证高质量教材进课堂，教育部对中等职业学校德育课、文化基础课等必修课程和部分大类专业基础课教材进行了统一规划并组织编写，从2009年秋季学期起，国家规划新教材陆续提供给全国中等职业学校选用。

国家规划新教材是根据教育部最新发布的德育课程、文化基础课程和部分大类专业基础课程的教学大纲编写，并经全国中等职业教育教材审定委员会审定通过的。新教材紧紧围绕中等职业教育的培养目标，遵循职业教育教学规律，从满足经济社会发展对高素质劳动者和技能型人才的需要出发，在课程结构、教学内容、教学方法等方面进行了新的探索与改革创新，对于提高新时期中等职业学校学生的思想道德水平、科学文化素养和职业能力，促进中等职业教育，深化教学改革，提高教育教学质量，将起到积极的推动作用。

希望各地、各中等职业学校积极推广和选用国家规划新教材，并在使用过程中注意总结经验，及时提出修改意见和建议，使之不断完善和提高。

教育部职业教育与成人教育司
2009 年 6 月

中等职业教育课程改革国家规划新教材
编审委员会

第2版前言

"电子技术基础与技能"是中等职业教育电类专业基础课程，只有紧跟电子技术的新技术新应用，才能满足现代电子产品生产对中职教育的要求。近年来，大规模集成电路已广泛应用于各类电子产品中，电子产品的设计和制造普遍采用计算机软件来完成。中职教学应与时俱进，在教学内容上应当体现电子技术的新知识新技术，在培养和训练学生的实践能力方面有所突破。

编者根据近几年的教学实践，综合全国各职业院校反馈的建议，对第1版教材中的部分内容进行了修订。本次修订突出了以下特色。

1. 将电子技术知识及技能的学习与计算机操作结合起来。本书添加了利用计算机或手机，在互联网上查阅各种电子器件参数、基本性能和主要应用的方法；还介绍了利用软件Multisim对电子电路进行仿真实验的方法，课堂教学可用该软件进行演示，课后学生可以在计算机上自行操作，进行电路分析，观察电路各部分的电压和电流波形，从而强化电子技术基本技能和工程实践能力的培养。

2. 本次修订以"精简"和"适用"为原则，从实际应用角度组织教材内容。例如，运算放大器和计数器等集成电路不再介绍内部结构原理，只介绍芯片外部引脚功能及使用方法。

3. 本书各章结合实际应用安排了实训练习，且这些实训练习均以国家职业资格标准为依据，为学生获取职业资格证书奠定了基础。

4. 本书配套有丰富的数字化教学资源，以满足学校教学需求，提高教与学的效率、效果，为教师和学生提供全面的教学支持。

5. 本书所有二维码视频资源均免费提供，建议在Wifi环境下访问。本书附带视频文件版权所有，未经允许请勿擅自使用。由于二维码技术首次在该类教材中使用，不成熟的地方请您谅解。欢迎对本书提出您的宝贵意见和建议。

本书将理论课、实验课和实训课融为一体，考虑到各学校电子技术实训设备存在差异，本书的教学时数为106~126学时，书中打 * 号的部分为选学内容，供多学时教学使用。参考学时分配建议见下表。

章　　节	教 学 内 容	必修学时数	选修学时数
第1章	二极管及其应用	10	
第2章	晶体管及放大电路基础	10	4
第3章	常用放大器	16	
第4章	正弦波振荡电路		6
第5章	直流电源	8	
第6章	电力电子器件及应用	8	4

（续）

章　节	教学内容	必修学时数	选修学时数
第7章	数字电路基础	10	
第8章	组合逻辑电路	12	
第9章	触发器	10	
第10章	时序逻辑电路	12	
第11章	脉冲波形产生与变换	10	
第12章	数-模和模-数转换		6
总　计		106	20

　　本书由深圳信息职业技术学院王廷才和河南工业职业技术学院刘娇月主编，参加编写的人员及分工如下：河南工业职业技术学院刘娇月编写第1章和第3章，任燕编写第2章，刘斌编写第4章和第12章，倪江楠编写第5章和第6章，陆剑编写第7章和第8章，赵丹丹编写第9章，王明绪编写第10章，王廷才编写第11章及其余内容，全书由王廷才统稿。

　　在编写本书的过程中，得到了各参编所在学校的热情支持，中山职业技术学院张继涛教授和佛山职业技术学院侯进旺教授在百忙中认真地审阅了全书，提出了许多宝贵的意见。在此，编者一并表示诚挚的谢意。

　　由于编者水平有限，书中不足之处在所难免，恳请广大读者批评指正。

编　者

第1版前言

为贯彻《国务院关于大力发展职业教育的决定》精神，落实《教育部关于进一步深化中等职业教育教学改革的若干意见》中关于"加强中等职业教育教材建设，保证教学资源基本质量"的要求，确保新一轮中等职业教育教学改革顺利进行，全面提高教育教学质量，保证高质量教材进课堂，教育部对中等职业学校德育课、文化基础课等必修课程和部分大类专业基础课教材进行了统一规划并组织编写。本书是中等职业教育课程改革国家规划新教材之一，是根据教育部于2009年发布的《中等职业学校〈电子技术基础与技能〉教学大纲》，同时参考无线电装接工、电子设备装配工和维修电工等职业资格标准编写的。

本书的主要任务是介绍电子元器件及常用电子电路的组成、工作原理、特点及应用，使学生初步具备查阅电子元器件手册并合理选用元器件的能力；会使用常用电子仪器仪表；了解电子技术基本单元电路的组成、工作原理及典型应用；初步具备识读电路图、简单印制电路板和分析常见电子电路的能力；具备制作和调试常用电子电路及排除简单故障的能力；掌握安全操作规范。本书在内容处理上主要有以下几点说明：

1. 本书充分考虑职业教育的特点和中等职业教育学生的知识基础，以"精简"和"适用"为原则，摈弃繁杂的理论分析和数学推导，从实际应用角度组织教材内容。例如，运算放大器和计数器等集成电路内部结构复杂，则不再介绍内部结构，只介绍它的整体功能和使用方法。数字电子技术部分以介绍逻辑电路的逻辑功能和分析方法为主，侧重介绍中、小规模数字电路的应用。

2. 本书内容的选取注重实用技能的培养，对教学方式进行了大胆改革与探索，教材引入简单易学的虚拟仿真软件Multisim，老师课堂教学和学生课后都可以在计算机上方便地进行电路分析，观察电路各部分的电压和电流波形；各章节结合实际应用安排有实训练习，教材内容和实践操作练习以国家职业资格标准为依据，为学生获取职业资格证书奠定基础。

3. 本书将大纲中规定的三种能力目标贯穿始终，按"三段式"人才培养模式，采取多元化考核评价体系，依据过程性与结果性、定量考核与定性描述相结合的原则，重视对学生关键能力、基本素质、创新精神、创造能力、个性培养和发展等各个维度的关注；关注学生规范、安全操作习惯，以及在现代社会中节约能源、节省原材料与爱护工具设备、保护环境等意识与观念的养成与发展，强调职业道德和社会责任感，培养学生综合素质和职业能力。

4. 本书配套丰富的数字化教学资源，探索信息化教学手段，以满足学校教学需求，提高教与学的效率、效果。如技能操作的视频演示、仿真软件的操作屏录文件、助教课件、电子教案、题库等，为教师和学生提供全面的教学支持。

本书将理论课、实验课和实训课融为一体，考虑到各学校电子技术实训设备存在差异，本书的学时数为102~124，书中打*号的内容为选学部分，供多学时教学使用。各章参考学时分配见下表。

章　次	学　时	章　次	学　时
第 1 章	10	第 7 章	10
第 2 章	10	第 8 章	12
第 3 章	20	第 9 章	10
*第 4 章	6	第 10 章	12
第 5 章	8	第 11 章	10
*第 6 章	10	*第 12 章	6
总计		102～124	

　　本书由深圳信息职业技术学院王廷才任主编，河南工业职业技术学院马茵任副主编，参加编写的人员及分工如下：河南工业职业技术学院胡雪梅编写第 2 章、第 3 章，马茵编写第 4 章、第 5 章、第 7 章，郑州市质量技术监督检验测试中心王玉峰编写第 8 章、第 11 章和第 12 章，湖南有色金属工业技工学校李响初编写第 9 章和第 10 章，沈阳铁路机械学校詹贵印编写第 6 章，王廷才编写第 1 章，全书由王廷才统稿。

　　本书在编写过程中，得到各参编作者所在学校的热情支持，并参阅了多位专家学者的编著资料。在此，一并表示真诚的谢意。

　　本书经全国中等职业教育教材审定委员会审定，由于淑萍、周明主审，参与审稿的还有教育部评审专家、审稿专家，他们在评审及审稿过程中对本书内容及体系提出了很多中肯的建议，在此对他们表示衷心的感谢！

　　由于编者水平有限，书中难免存在错误和不妥之处，敬请广大读者批评指正。

编　者

目　录

下篇　数字电子技术

上　篇

模拟电子技术

第1章

二极管及其应用

 本章导读

知识目标

1. 了解二极管的外形和电气图形符号。
2. 掌握二极管的单向导电性和主要参数，了解其伏安特性。
3. 了解硅稳压二极管、发光二极管、光敏二极管、变容二极管等特殊二极管的外形特征、功能和实际应用。
4. 了解整流电路作用及工作原理。
5. 了解滤波电路及输出电压的估算。

技能目标

1. 会使用万用表检测二极管的好坏和判别二极管的极性。
2. 会用万用表、示波器测量和观察整流滤波电路输出波形。
3. 会查阅半导体手册，会利用网络搜索查询二极管的主要参数，能按要求选用二极管。

1.1 认识二极管

 话题引入

中国是世界上最大的发电国，2014 年发电量达到 5.4 万亿 kW·h，按照明用电占总发电量 12%计算，约为 6500 亿 kW·h，如果把现有在用的白炽灯全部替换为 LED 节能灯，一年可节电 2000 亿 kW·h，相当于两个三峡电站的发电量。LED 即发光二极管，是二极管的一种，事实上，二极管的种类很多，应用范围也很广泛，像日常使用的手机、计算机、电视机及各种电子设备中都有二极管的身影，下面就让我们了解一下这个神奇的器件吧。

1.1.1 二极管的基本特征

认识事物的普遍规律都是要由表及里，逐层深入，当我们真正了解它的习性时，才能谈及正确使用。对二极管的认识也是如此，先外表，再内部结构、特性，最后学习如何选择使用。

【二极管的外形】 二极管的家族成员很多，因所采用的半导体材料、工艺和几何结构不同，外形也不尽相同。图1-1所示是一些常见的二极管外形图。

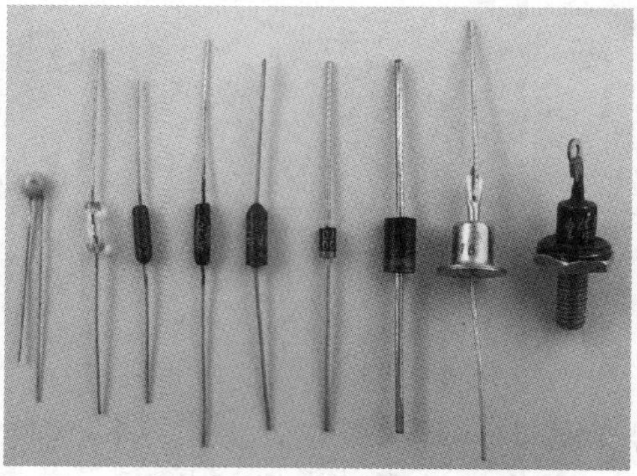

图 1-1　常见二极管的外形

【二极管的结构】 脱去各种封装，二极管都是由半导体材料制成的，其核心也都是PN结（详见本节阅读材料），从PN结的P型区和N型区各引出一个引脚，分别称为阳极和阴极，再加以封装就成为一只二极管，如图1-2a所示。二极管按其结构的不同可以分为点接触型和面接触型两类：

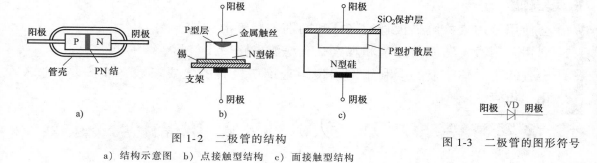

图 1-2　二极管的结构

a）结构示意图　b）点接触型结构　c）面接触型结构

图 1-3　二极管的图形符号

1）点接触型二极管的结构，如图1-2b所示。这类管子的PN结面积和极间电容均很小，不能承受高的反向电压和大电流，因而适用于作为高频检波和脉冲数字电路里的开关元件，以及作为小电流的整流管。

2）面接触型二极管PN结的结面积较大，结电容也较大，能够通过较大的电流，通常工作在低频场合，其结构如图1-2c所示。

【二极管的电气符号】 电路图中各种元器件都有自己的电气符号，图1-3所示为普通二极管的图形符号。

阅读材料

什么是半导体材料? 什么是 PN 结?

半导体是导电能力介于导体与绝缘体之间的物质。硅和锗是最常见的半导体材料,它们为四价元素,化学结构比较稳固,纯净半导体(也称为本征半导体)导电能力很差。但随着掺入杂质、温度和光照的不同,导电能力会发生很大变化,即具有掺杂性、光敏性、热敏性等特性。

半导体中能够运载电荷的粒子称为载流子。载流子有两种:带负电荷的自由电子和带正电荷的空穴。载流子在外电场作用下可以做定向移动,形成电流。只是本征半导体中的载流子很少,导电性能很差,掺入特定的杂质后,可形成杂质半导体,杂质半导体导电性能较强。

P 型半导体:在本征半导体硅(或锗)中掺入微量的三价元素,就形成 P 型半导体,其中空穴是多数载流子(简称多子),自由电子是少数载流子(简称少子)。

N 型半导体:在本征半导体硅(或锗)中掺入微量的五价元素,就形成 N 型半导体,其中自由电子是多数载流子(简称多子),空穴是少数载流子(简称少子)。

PN 结是利用特殊的掺杂工艺,在一块晶片两边分别生成 N 型和 P 型半导体,两者的交界处就会出现一个特殊的接触面,称为 PN 结。图 1-4 所示为 PN 结形成的示意图。

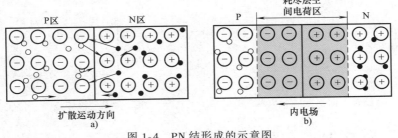

图 1-4　PN 结形成的示意图

a) 多子扩散示意图　b) 扩散结果出现的空间电荷区

PN 结加正向电压,即 P 区接电源正极,N 区接电源负极,这时外加电压产生的外电场与 PN 结的内电场方向相反,内电场被削弱,形成较大的扩散电流,即正向电流。这时 PN 结的正向电阻很小,处于正向导通状态,如图 1-5a 所示。

PN 结加反向电压,即 N 区接电源正极,P 区接电源负极,这时外电场与内电场方向一致,增强了内电场,使 PN 结的反向电阻大,处于反向截止状态,如图 1-5b 所示。

二极管就是从 PN 结的 P 区和 N 区各引出一个电极制成的,所以具有单方向导电特性。

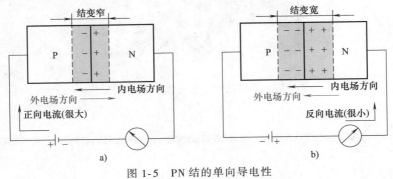

图 1-5　PN 结的单向导电性

a) 正向连接　b) 反向连接

实验告诉你：

二极管的单向导电特性

/器材/　二极管、电池、小灯泡和开关。

/内容/　图1-6所示为二极管正向连接的实验电路，直流电源的正极通过开关S接到二极管VD的阳极，二极管VD的阴极通过灯泡EL与直流电源的负极相接，合上开关S，观察现象。如果将二极管VD的阳极与阴极互换，如图1-7所示，合上开关S，观察现象。

/现象/　当二极管按图1-6接入电路时，灯泡亮了。当二极管按图1-7接入电路时，灯泡不亮！

/结论/　<u>二极管只能单方向导电。</u>

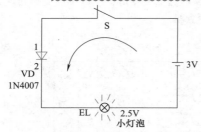

图1-6　二极管正向连接实验电路

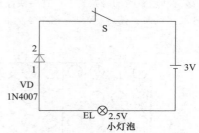

图1-7　二极管反向连接实验电路

图1-8所示为二极管正向连接的实物示意图。

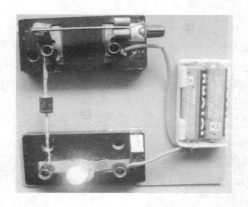

图1-8　二极管正向连接实物示意图

【二极管的分类】

1）按构成二极管的半导体种类，可分为硅管和锗管；

2）按二极管的耗散功率，可分为大功率管和小功率管；

3）按二极管的工作频率，可分为高频管和低频管；

4）按二极管的用途，可分为普通管、整流管、变容管、稳压管、开关管、发光管、光敏管和阻尼管等。

1.1.2 二极管的伏安特性

刚才我们已经从实验中简单地了解了二极管的单向导电性，下面我们在直角坐标系中，用曲线直观地表示加在二极管上的电压与流过它的电流之间的对应关系，即了解它的伏安特性。

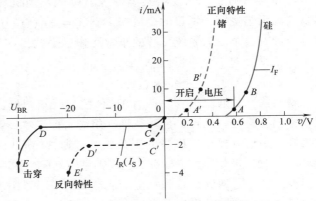

图1-9 二极管伏安特性曲线

【伏安特性怎样得到的】 绘制二极管电压、电流特性曲线的方法是以电流为纵坐标，电压为横坐标，改变电压的大小，测出相应的电流值，将测得的各点连接起来，便可以得到二极管的伏安特性曲线，如图1-9所示。

【正向特性】 当正向电压较小时，不足以克服PN结的内电场，内电场对多子的扩散仍有很大的阻碍作用。只有当加在二极管上的正向电压超过某一数值时，正向电流才明显地增大。正向特性的这一电压值称为开启电压。硅二极管的开启电压为0.5V左右，如图1-9中A点所示，锗二极管的开启电压为0.1V左右，如图1-9中A'点所示。

当加在二极管两端的电压超过开启电压后，随着外加电压的增加，二极管的正向电流也迅速增加，这一段区域称为正向导通区。二极管正向导通时，硅管的压降为0.7V左右，锗管的压降为0.3V左右，如图1-9中B和B'点所示。

【反向特性】 二极管在反向电压作用下，PN结的阻挡层进一步加宽，阻止了多数载流子的扩散，使少数载流子的漂移运动加强，由于少数载流子数目很少，反向电流很小，因此这一段区域称为反向截止区，如图1-9中CD段和C'D'段所示。

当反向电压增加到一定数值时，反向电流急剧增大，这种现象称为二极管的反向击穿。这一区域称为二极管伏安特性曲线的反向击穿区，如图1-9中DE和D'E'段所示。

不同的材料、不同的结构和不同的工艺制成的二极管，其伏安特性有一定差别，但伏安特性曲线的形状相似，都是非线性的，因此二极管是非线性器件。

1.1.3 二极管的主要参数

企业招聘员工时，都要有身高、年龄、学历、技能等要求，我们在选用二极管的时候也要看看它的性能是不是能够满足电路设计的要求。下面介绍衡量二极管性能的主要参数。

【最大整流电流 I_F】 I_F 是指二极管用于整流时，所允许通过的最大正向平均电流值，实际工作电流超过此值，二极管容易烧坏。例如，普通二极管2AP1的 I_F 为16mA。

【最大反向工作电压 U_{RM}】 U_{RM} 是指为避免击穿所能加于二极管的最大反向电压。为安全起见，手册中的 U_{RM} 值是击穿电压 U_{BR} 值的一半。目前最高的 U_{RM} 值可达几千伏。

【反向电流 I_R（反向饱和电流）】 反向电流 I_R 是指在室温环境下，在最大反向工作电压下的反向电流值。这个值越小，说明管子的单向导电性能越好。硅二极管的反向电流一般在纳安（nA）级，锗二极管的一般在微安（μA）级。

【最高工作频率 f_H】 最高工作频率 f_H 是指保持二极管单向导电性时，允许通过交流信号的最高频率。外加电压的频率不能超过此值，否则二极管的单向导电性将明显降低。f_H 的大小主要由二极管的电容效应决定。

1.1.4 给二极管体检

1985 年 5 月，某国发射某型导弹，由于发动机燃烧室中剥落了一块黄豆大的绝缘层，结果高温火焰烧穿了那里的金属壁，燃气向外喷射，造成发动机爆炸。一个小元器件的故障有可能影响整个庞大系统工程的正常运作，因此，在使用元器件之前，都要给它们做体检。这是一个良好的工作习惯！

【判别二极管的正、负极】

观察法 普通二极管一般有玻璃封装和塑料封装两种。它们的外壳上均印有型号和标记，标记有箭头、色点、色环三种。用箭头标记二极管的正负极时，箭头所指方向为二极管的负极；用色点标记二极管的正负极时，通常标有白色或红色色点的一端为二极管的正极；1N40×× 系列二极管上大多标有黑色或银色的色环，靠近色环的一端是二极管的负极。

表测法 若遇到型号和标记不清楚时，可用万用表的欧姆档进行判别。判别依据是二极管的单向导电性，其反向电阻远大于正向电阻。万用表欧姆档一般选在 R×100 或 R×1k 档，测量时两表笔分别接被测二极管的两个电极，如图 1-10a、b 所示。若测出的电阻值为几百欧到几千欧（对锗二极管为 100Ω~1kΩ）之间，说明是正向电阻，这时黑表笔接的是二极管的正极，红表笔接的是二极管的负极；若电阻值在几十千欧到几百千欧之间，即为反向电阻，此时红表笔接的是二极管的正极，黑表笔接的是二极管的负极。

【检查二极管的好坏】 通过测量正、反向电阻可以判断二极管的好坏。具体辨别方法参考表 1-1。

表 1-1　二极管好坏辨别表

正向电阻	反向电阻	二极管质量
小（硅管几百欧到几千欧，锗二极管为 100Ω~1kΩ）	大（几十欧到几百千欧）	好
0	0	已坏（短路）
∞	∞	已坏（开路）
正向电阻和反向电阻接近		质量不佳

【判别硅管、锗管】 如果不知道被测的二极管是硅管还是锗管，可借助于图 1-10c 所示电路来判断，图中电源电动势 E 为 1.5V，R 为限流电阻（检波二极管 R 可取 200Ω，其他二极管只可取 1kΩ），用万用表测量二极管正向压降，硅二极管一般为 0.6~0.7V，锗管为 0.1~0.3V。

1.1.5 合理选用二极管

1）选用二极管时不能超过它的极限参数，通常是根据流过二极管的平均电流 I_D 和它承受的最大反向电压 U_R 来选择二极管的型号，为保证器件安全，选择二极管时要求

$$I_F = (1.5~2)I_D$$

$$U_{RM} = (1.5~2)U_R$$

2）当要求反向电压高、反向电流小、工作温度高于 100℃ 时应选硅管。需要导通电流

大时，选面接触型硅管。

3）要求导通压降低时选锗管；工作电流小频率高时，选点接触型二极管（一般为锗管）。

利用网络搜索查询二极管的主要参数

网络上有着丰富的信息资源，只要将电脑或手机接入互联网，便可通过搜索引擎查询。例如，打开"百度"网页，在搜索框中填写要搜索的二极管型号1N4007，单击"搜索"按钮，即可得到二极管1N4007的主要参数。

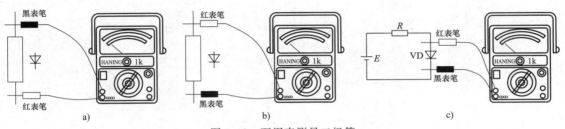

图 1-10　万用表测量二极管

a）测正向电阻　b）测反向电阻　c）区分硅或锗二极管

1.2　二极管的应用

话题引入

二极管具有单向导电性，利用这一特性可以将交流电变为直流电（整流），可以将无线电信号中的有用信号分离出来（检波）；采用特殊材料和工艺制作的二极管，还可以实现稳压、限幅、钳位、发光和显示等。

1.2.1　整流电路

家用电器表面上看是使用交流 220V 供电，但实质上，在这些家用电器内部，都是使用了二极管，才把交流电变成了直流电。交流变直流的第一步就是整流，即利用二极管的单向导电性将交流电变换为脉动直流电。

本节重点分析单相半波整流、单相桥式整流和三相桥式整流电路的工作原理和主要性能指标。

在分析整流电路时，由于电路工作电压高、电流大，而二极管的正向压降及反向电流对电路的影响较小，可将二极管视为理想开关器件，即二极管正向导通时电压为零，看成短路；反向截止时电流为零，看成开路。

1. 单相半波整流电路

【电路结构】　单相半波整流电路如图 1-11a 所示。图中 T 为电源变压器，变压器二次绕组电压为 u_2。

【工作原理】　当 u_2 为正半周时，变压器二次绕组上端 A 点为正，下端 B 点为负，二极管正向导通，电流经负载电阻 R_L 回到 B 点，形成一个闭合回路。如果忽略二极管的压降，电压几乎全部加在负载 R_L 上。

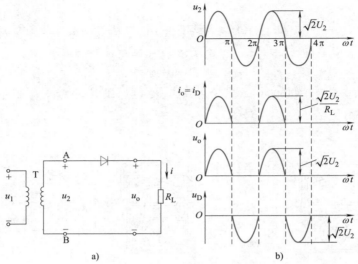

图 1-11　单相半波整流电路及波形

a）电路　b）波形

图 1-12　单相半波整流电路实物示意图

当 u_2 为负半周时，即变压器二次绕组上端为负，下端为正，二极管处于反向偏置状态而截止，负载 R_L 上没有电流通过，二极管承受的反向电压最大值为 u_2 的幅值电压 $\sqrt{2}\,U_2$。当 u_2 下一个周期到来时，将重复上一个周期的变化，从而得到图 1-11b 所示的波形，输出电压是一个单相的半波脉动电压。

图 1-12 所示为单相半波整流电路实物示意图。

【相关电量计算】　根据图 1-11b 可知，输出电压在一个周期内，只有正半周导通，在负载上得到的是半个正弦波。负载上输出的平均电压 U_o 为

$$U_o = 0.45U_2 \tag{1-1}$$

式中，U_2 为 u_2 的有效值。

流过负载和二极管的平均电流 I_D 为

$$I_D = U_o/R_L = 0.45U_2/R_L \tag{1-2}$$

二极管承受的最大反向电压 U_{RM} 为

$$U_{RM} = \sqrt{2}\, U_2 \qquad\qquad (1\text{-}3)$$

例 1-1 如图 1-11a 所示，纯电阻性负载 R_L 为 60Ω，要求电压 U_o 为 12V，求变压器二次绕组的有效值 U_2 和流过二极管的电流 I_D，并选择合适的二极管。

解：
$$U_o = 0.45 U_2$$

$$U_2 = \frac{U_o}{0.45} = \frac{12}{0.45}\text{V} = 26.7\text{V}$$

$$I_D = \frac{U_o}{R_L} = \frac{12}{60}\text{A} = 0.2\text{A} = 200\text{mA}$$

二极管承受最大反向电压 $\quad U_{RM} = \sqrt{2}\, U_2 = \sqrt{2} \times 26.7\text{V} = 37.6\text{V}$

根据计算结果，查阅电子器件手册，选择二极管 1N4002（$U_{RM} = 100\text{V}$，$I_{DM} = 1\text{A}$）。

【电路特点】 单相半波整流电路简单，但这种电路只利用了电源的半个周期，输出的整流电压脉动大，输出直流电压低，变压器利用率低，一般只应用于对输出电压要求不高的场合。

 实验告诉你：

仿真实验 单相半波整流电路

/内容/ 用 Multisim 仿真软件搭建如图 1-13 所示电路（Multisim 仿真软件操作参见附录 A）。

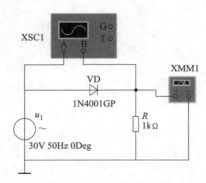

图 1-13 单相半波整流仿真电路

/现象/ 单击仿真开关，示波器 XSC1A 通道显示的是单相半波整流仿真电路交流电源 u_1 的波形，为正弦波；B 通道显示的是负载电阻 R 两端的波形，为只有正半周的正弦波，如图 1-14 所示。

数字万用表 XMM1 显示的是负载电阻 R 上的直流电压平均值，数据为 9.301V，如图 1-15 所示。图 1-13 所示仿真电路中交流电源 u_1 的峰值电压是 30V，其有效值为 21.21V。

/结论/ 二极管的单方向导电性，单相半波整流电路负载电阻 R 得到的是正半周的正弦波电压，其直流电压平均值约为输入交流电压有效的 0.45 倍。

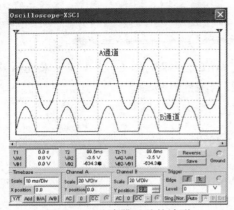

图 1-14　示波器显示的波形　　　　图 1-15　数字万用表显示的输出电压数值

2. 单相桥式整流电路

【电路结构】　单相桥式整流电路可以克服单相半波整流电路缺点，是工程上最常用的单相整流电路，如图 1-16 所示，实物示意图如图 1-17 所示。

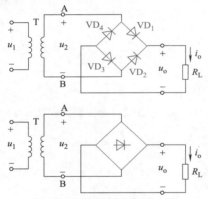

图 1-16　单相桥式整流电路

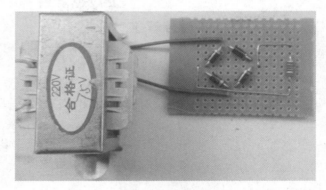

图 1-17　单相桥式整流电路实物示意图

【工作原理】

正半周　变压器二次绕组电压为 u_2，当 u_2 为正半周时，即 A 端为正，B 端为负，二极管 VD_1 和 VD_3 正向偏置而导通，VD_2、VD_4 因反向偏置而截止，有电流流过二极管 VD_1、VD_3 和负载电阻 R_L，电流的流通路径是 A→VD_1→R_L→VD_3→B，如图 1-18 所示。

负半周　当 u_2 为负半周时，即 A 端为负，B 端为正，二极管 VD_2 和 VD_4 正向偏置而导通，VD_1、VD_3 反向偏置而截止，有电流流过二极管 VD_2、VD_4 和负载电阻 R_L，电流的流通路径是 B→VD_2→R_L→VD_4→A，如图 1-19 所示。

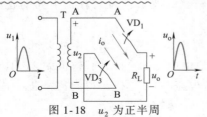

图 1-18　u_2 为正半周

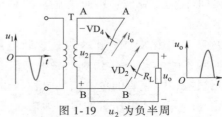

图 1-19　u_2 为负半周

【相关电量计算】 整个电路在一个周期内，VD_1、VD_3 和 VD_2、VD_4 轮流导通，轮流截止，这样不断重复，在负载上得到单一方向的全波脉动的电压和电流，如图 1-20 所示。

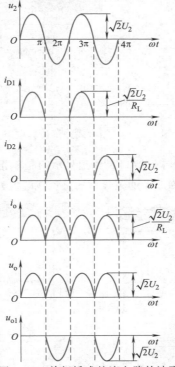

图 1-20 单相桥式整流电路的波形

负载上输出的平均电压 U_o 为

$$U_o = 0.9U_2 \tag{1-4}$$

流过负载的平均电流 I_L 为

$$I_L = U_o/R_L = 0.9U_2/R_L \tag{1-5}$$

流过二极管的平均电流 I_D 为

$$I_D = I_L/2 = 0.45U_2/R_L \tag{1-6}$$

二极管所承受的最大反向电压 U_{RM} 为

$$U_{RM} = \sqrt{2}\,U_2 \tag{1-7}$$

【电路优点】 由于单相桥式整流电路全波工作，变压器利用率高，平均电流、电压大，脉动小，所以得到了广泛应用。

 实验告诉你：

仿真实验 单相桥式整流电路

/内容/ 用 Multisim 仿真软件搭建如图 1-21 所示电路。

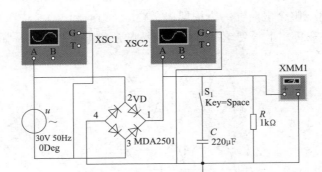

图 1-21　单相桥式整流仿真电路

/现象/　单击仿真开关，示波器 XSC1 A 通道显示的是单相桥式整流仿真电路交流电源 u 的波形，如图 1-22 所示。示波器 XSC2 A 通道显示的是负载电阻 R 两端的波形，如图 1-23 所示。

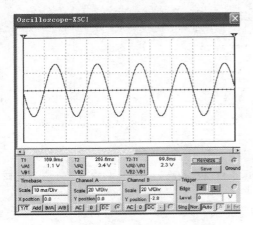

图 1-22　交流电源 u 的电压波形

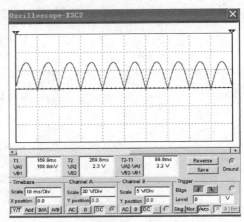

图 1-23　负载电阻 R 两端的电压波形

数字万用表 XMM1 的显示的是负载电阻 R 上的直流电压平均值，数据为 17.904V，如图 1-24 所示。图 1-21 仿真电路中交流电源 u 的峰值电压是 30V，其有效值为 21.21V。

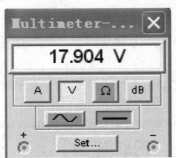

图 1-24　数字万用表显示的输出电压数值

/结论/　单相桥式整流电路负载电阻 R 得到的是双半周都是正方向的电压，其直流电压平均值约为输入交流电压有效的 0.9 倍。

例 1-2 如图 1-16 所示，已知桥式整流电路负载电阻为 80Ω，流过电阻的电流为 1.5A，求变压器二次绕组的电压，并选择二极管。

解：（1）
$$U_o = I_L R_L = 1.5 \times 80 \mathrm{V} = 120 \mathrm{V}$$
$$U_o = 0.9 U_2$$
$$U_2 = U_o / 0.9 = 120/0.9 \mathrm{V} = 133 \mathrm{V}$$

（2）
$$I_D = \frac{1}{2} I_L = \frac{1.5}{2} \mathrm{A} = 0.75 \mathrm{A}$$
$$U_{RM} = \sqrt{2} U_2 = \sqrt{2} \times 133 \mathrm{V} = 188 \mathrm{V}$$

根据计算的结果，并考虑电网电压的波动，查阅电子器件手册选择二极管 1N5104（$U_{RM} = 400 \mathrm{V}$，$I_{DM} = 1.5 \mathrm{A}$）。

3. 三相桥式整流电路

【电路结构】 对于大功率直流电源，常用三相桥式整流电路，如图 1-25 所示，三相桥式整流电路仿真可以通过扫一扫二维码观看。

【工作原理】 三相桥式整流电路共有 6 只二极管，其中 VD_1、VD_3、VD_5 三只管子的阴极连接在一起，称为共阴极组；VD_4、VD_6、VD_2 三只管子的阳极连接在一起，称为共阳极组。

导通原则 三相对称交流电源 U、V、W 的波形如图 1-26a 所示。共阴极组的二极管哪只阳极电位最高，哪只二极管就优先导通；共阳极组的二极管哪只阴极电位最低，哪只二极管就优先导通。同一个时间内只有两只二极管导通，即共阴极组的阳极电位最高的二极管和

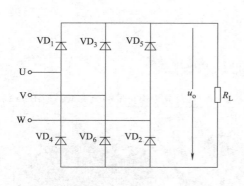

图 1-25 三相桥式整流电路

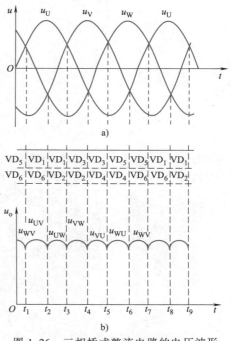

图 1-26 三相桥式整流电路的电压波形

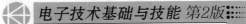

共阳极组的阴极电位最低的二极管构成导通回路,其余4只二极管承受反向电压而截止。在三相交流电压自然换相点处,二极管的状态进行转换。

$0 \sim t_1$　把三相交流电压波形在一个周期内6等分如图1-26b中t_1、t_2、…、t_6所示。在$0 \sim t_1$期间,电压$u_W > u_U > u_V$,因此二极管VD_5、VD_6导通,电流的通路是$W \rightarrow VD_5 \rightarrow R_L \rightarrow VD_6 \rightarrow V$,忽略二极管正向压降,负载电阻$R_L$上得到电压$u_o = u_{WV}$。二极管$VD_5$导通后,使$VD_1$、$VD_3$阴极电位为$u_W$,因承受反向电压而截止。同理,$VD_6$导通,二极管$VD_4$、$VD_2$也截止。

$t_1 \sim t_2$　在自然换相点t_1稍后,电压$u_U > u_W > u_V$,于是二极管VD_5与VD_1换流,VD_5截止,VD_1导通,VD_6仍旧导通。即在$t_1 \sim t_2$期间,二极管VD_6、VD_1导通,其余截止,电流通路是$U \rightarrow VD_1 \rightarrow R_L \rightarrow VD_6 \rightarrow V$,负载电阻$R_L$上的电压$u_o = u_{UV}$。

$t_2 \sim t_3$　在自然换相点t_2稍后,电压$u_U > u_V > u_W$,即在$t_2 \sim t_3$期间,二极管VD_1、VD_2导通,其余截止,电流通路是$U \rightarrow VD_1 \rightarrow R_L \rightarrow VD_2 \rightarrow W$,负载电阻$R_L$上的电压$u_o = u_{UW}$。

总结　依此类推,得到电压波形顺序:u_{WV}、u_{UV}、u_{UW}、u_{VW}、u_{VU}、u_{WU}、u_{WV},如图1-26b所示。二极管导通顺序:(VD_5、VD_6)→(VD_1、VD_6)→(VD_1、VD_2)→(VD_2、VD_3)→(VD_3、VD_4)→(VD_4、VD_5)→(VD_5、VD_6),共阴极组三只二极管VD_1、VD_3、VD_5在t_1、t_3、t_5换流导通;共阳极组三只二极管VD_2、VD_4、VD_6在t_2、t_4、t_6换流导通。一个周期内,每只二极管导通1/3周期,即导通角为120°,负载电阻R_L两端电压u_o等于变压器二次绕组线电压的包络值,极性始终是上正下负。

【相关电量计算】　通过计算可得到负载电阻R_L上的平均电压为

$$U_o = 2.34 U_2 \tag{1-8}$$

式中,U_2为相电压的有效值。

流过负载的平均电流I_L为

$$I_L = U_o / R_L = 2.34 U_2 / R_L \tag{1-9}$$

流过二极管的平均电流I_D为

$$I_D = I_L / 3 = 0.78 U_2 / R_L \tag{1-10}$$

二极管所承受的最大反向电压U_{RM}为

$$U_{RM} = \sqrt{6} U_2 \tag{1-11}$$

 阅读材料

整流桥堆的识别与检测

为安装使用方便,生产厂家将整流桥做成了整流桥堆,整流桥堆可分为半桥堆和全桥堆,如图1-27所示,左侧的两器件为半桥堆,右边的两器件为全桥堆。

a)　　　　　　　　　　　　　　　　b)

图1-27　半桥堆和全桥堆

a)半桥堆　b)全桥堆

注意：标 "AC" 或 "～" 两引脚为输入端，与交流电相连接；标 "+" "−" 两引脚是整流输出直流电压的正、负端。

桥堆的检测方法：用万用表欧姆档测输入两端的正反向电阻均为数百千欧；测输出两端的正向电阻为几千欧，反向电阻数百千欧。

1.2.2 限幅电路

在用电高峰时期，我们会发现有时照明灯会忽明忽暗，这是由于电网负荷大，电压不稳造成的。当输入电压高于或低于某一参考值时，如果没有保护措施，输出电压将随之波动，这对电路中的元器件都是非常有害的，有时甚至超出元器件的极限参数。为了保护元器件不受过强、过弱电压信号的干扰，需在电路中增加控制环节，把输出信号幅度限定在一定范围内，即限幅电路。

【电路形式】 图 1-28 所示为双向限幅电路及其工作波形。设图中 VD_1、VD_2 正向压降忽略不计。

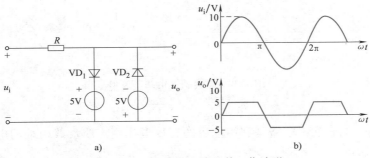

图 1-28 双向限幅电路及其工作波形

a）电路图 b）工作波形

1.2.3 保护电路

在电子电路中，常用二极管来保护其他元器件免受过高电压的损害，图 1-29 所示为晶体管带继电器线圈负载的保护电路。当晶体管 VT 截止时，电流突然中断，继电器线圈会产生高于电源电压好多倍的自感电动势，该电动势与电源电压叠加作用到晶体管 VT 上，可能损坏晶体管。接入二极管以后，感应电动势通过二极管形成放电电流，使继电器线圈中储存的能量不经过 VT 放掉，从而保护了晶体管不受损坏。

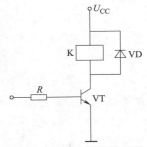

图 1-29 晶体管带继电器线圈负载的保护电路

1.3 滤波电路

 话题引入

整流电路输出的脉动直流电中，仍含有较多的交流成分，不能满足大多数电子设备的要求。为了减小脉动程度，采取滤除输出电压谐波成分、保留直流成分的电路——滤波电路。

滤波电路常利用电抗性质元件对交、直流信号阻抗的不同，实现滤波作用。电容器 C 对直流信号阻抗大，对交流信号阻抗小，所以并联在负载两端可实现滤波。电感 L 对直流信号阻抗小，对交流信号阻抗大，因此应与负载串联实现滤波。

1.3.1 电容滤波电路

【电路结构】 下面以单相桥式整流电容滤波电路为例，分析电容滤波的工作原理，电路如图 1-30a 所示。显然，该电路只是在桥式整流电路的负载电阻上并联了一个滤波电容 C，电容容量比较大，一般采用电解电容。

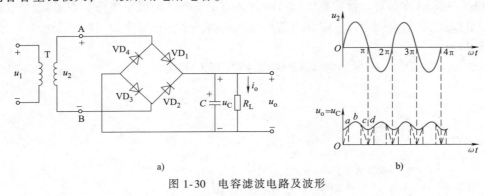

图 1-30 电容滤波电路及波形

a）电路 b）波形

【工作原理】 电容滤波电路是利用电容的充放电作用，使负载两端的电压变得比较平滑，如图 1-30b 所示。

正半周 当电路接通时，在 u_2 正半周，即 A 点为正，B 点为负，当 u_2 的数值大于电容两端电压 u_C 时，二极管 VD_1、VD_3 导通，VD_2、VD_4 截止，整流电流分为两路，一路通过负载 R_L，另一路对电容 C 充电储能，由于充电时间常数很小，所以充电速度很快，使 u_C 随 u_2 增长并达到峰值，如图 1-30b 中 ab 段所示。当 u_2 开始按正弦规律下降时，电容通过负载电阻 R_L 开始放电，u_C 也开始降低，但放电时间常数较大，使 u_C 下降速度小于 u_2 的下降速度，VD_1 和 VD_3 由正向偏置变为反向偏置而截止，如图 1-30b 中 bc 段所示。虽然 4 只整流二极管都截止，但在电容 C 和 R_L 组成的放电回路中，电容 C 继续对 R_L 放电，使 u_C 缓慢下降，如图 1-30b 中 cd 段所示。

负半周 在 u_2 的负半周，即 A 点为负，B 点为正，如果 u_2 的幅值大于电容两端电压 u_C，则 VD_2、VD_4 导通，VD_1、VD_3 截止，这时，电流一路通过负载 R_L，另一路为电容充电；当 u_2 达到峰值并等于 u_C 时，充电结束，u_2 开始下降，u_C 开始放电；当 u_2 的幅值小于 u_C 时，VD_2、VD_4 截止，u_C 放电继续进行。

总结 当 u_2 下一个周期到来时，将重复上一个周期变化。由于电容两端电压不能跃变的特性，使输出的电流、电压稳定。

【适用场合】 在电容滤波电路中，电容的充电回路阻值非常小，那么充电的时间常数也很小，充电电流非常大；另一方面，由于电容两端电压不能突变，使二极管导通时间变短，这样在短时间就产生较大的浪涌电流，作用在整流二极管上，有可能烧毁整流二极管，所以电容滤波适合电流较小的场合。

【电容选择】 时间常数 τ 等于负载电阻 R_L 和电容 C 的乘积，电容 C 越大，放电时间越

长，滤波效果越好。为了得到理想的直流电压，电容 C 一般应满足

$$CR_L \geq (3 \sim 5)T/2 \tag{1-12}$$

$$C \geq (3 \sim 5)T/(2R_L) \tag{1-13}$$

式中，T 为交流电 u_2 的周期。

选择电容时，除需考虑它的容量外，耐压性也不容忽略，电容两端最大电压为 $\sqrt{2}U_2$，一般取电容的耐压为 $U_C = (1.5 \sim 2)U_2$。

【其他电量计算】 输出电压的平均值，一般用下面的近似估算法：在 $CR_L \geq (3 \sim 5)T/2$ 的条件下，近似认为

$$U_o = 1.2U_2(桥式) \tag{1-14}$$

$$U_o = U_2(半波) \tag{1-15}$$

二极管可能承受的最高反向电压

$$U_{RM} = \sqrt{2}U_2(桥式) \tag{1-16}$$

$$U_{RM} = 2\sqrt{2}U_2(半波) \tag{1-17}$$

【电路外特性】 整流滤波电路中的输出直流电压 U_o 与负载电流 I_o 的变化关系曲线称为整流电路的外特性，外特性曲线如图 1-31 所示。从外特性曲线上看，当负载为无穷大时，负载电流为零，输出直流电压为 $\sqrt{2}U_2$，随着负载电阻的不断减小，负载电流不断增大，输出的直流电压也不断降低。可见，电容滤波电路带负载的能力比较差，说明它只适用于负载电流较小的场合。从外特性看，输出直流电压在 $0.9U_2 \sim \sqrt{2}U_2$ 之间变化，平均值 $U_L = 1.2U_2$。

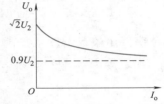

图 1-31 整流滤波电路的外特性

 实验告诉你：

仿真实验 单相桥式整流电容滤波电路

/内容/ 用 Multisim 仿真软件搭建图 1-32 所示电路。

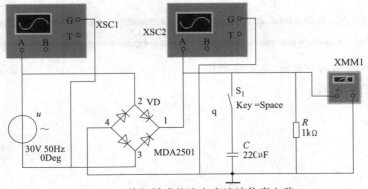

图 1-32 单相桥式整流电容滤波仿真电路

/现象/ 按下空格键不放，使 S_1 处于闭合状态，让电容接入电路进行滤波。用鼠标左键单击仿真开关，示波器 XSC1 A 通道显示的是单相桥式整流电路交流电源 u 的电压波形，如图 1-33 所示；示波器 XSC2 A 通道显示的是负载电阻 R 两端的波形，如图 1-34 所示。

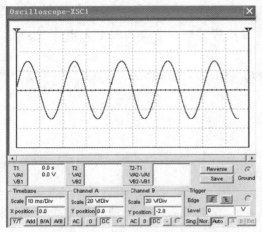

图 1-33　交流电源 u 的电压波形

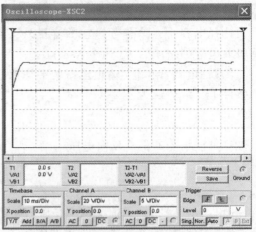

图 1-34　加电容滤波后 R 两端的电压波形

数字万用表 XMM1 显示的是负载电阻 R 上的直流电压平均值，数据为 28.148V，如图 1-35 所示。图 1-32 所示仿真电路中交流电源 u 的峰值电压是 30V，其有效值为 21.21V。

图 1-35　数字万用表显示的输出电压数值

/结论/ 单相桥式整流电路输出端加电容滤波后，负载电阻 R 得到的是平缓直流电压，其直流电压平均值约为输入交流电压有效的 1.3 倍。

例 1-3　有一单相桥式整流电容滤波电路，负载电阻 R_L 为 130Ω，负载通过的电流 I_o 为 0.2A，试选择合适的电容。

解：
$$U_L = I_o R_L = 130 \times 0.2V = 26V$$

$$U_L = 1.2U_2$$

$$U_2 = \frac{U_L}{1.2} = \frac{26}{1.2}V = 21.7V$$

$$U_C = (1.5 \sim 2) U_2 = 32.5 \sim 43.4 \text{V}$$

$$C = (3 \sim 5) \frac{T}{2R_L} = (3 \sim 5) \frac{0.02}{2 \times 130} \text{F} = 231 \sim 385 \mu\text{F}$$

故滤波电容可选电容量为 330μF、耐压为 50 V 的电解电容。

单相桥式整流电感滤
波电路仿真可通过
扫一扫二维码观看。

1.3.2 电感滤波电路

【电路结构】 桥式整流电感滤波电路如图 1-36 所示，滤波元件 L 串接在整流输出与负载 R_L 之间（电感滤波一般不与半波整流电路搭配）。

【工作原理】 前面已经讲过，电感是一个电抗元件，如果忽略它的内阻，那么整流输出的直流成分全部通过电感 L 降在负载 R_L 上，而交流成分大部分降在电感 L 上。当电感中通过交变电流时，电感两端便产生一个反电动势阻碍电流的变化，电流增

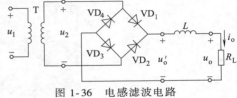

图 1-36 电感滤波电路

大时，反电动势会阻碍电流的增大，并将一部分能量以磁场能量储存起来；电流减小时，反电动势会阻碍电流的减小，电感释放出储存的能量。这就大大减小了输出电流的变化，使输出电压变得平滑，达到了滤波的目的。当忽略 L 的直流电阻时，R_L 上的直流电压 U_o 与不加滤波时负载上的电压相同，即 $U_o = 0.9U_2$。

【电路特点比较】 与电容滤波相比，电感滤波有以下特点：

1) 电感滤波的外特性好。

2) 电感滤波电路导通瞬间，电流增加，而电感 L 将产生一个自感电流与原电流方向相反，阻碍了电流的增加；在一个周期中，整流二极管大约导通半个周期，远大于电容滤波电路中的整流二极管的导通角，所以，电感滤波不会出现浪涌电流现象。

3) 电感滤波输出的电压比电容滤波低，而负载电流越大，电感滤波效果越好，所以电感滤波电路适用于输出电压不高、输出电流较大及负载变化较大的场合。

4) 电感越大，滤波效果越好，但必须增大电感的体积，这样成本会远高于电容。

1.3.3 复式滤波电路

复式滤波电路常用的有电感电容滤波器和 π 形滤波器两种形式。它们的电路组成原则是，把对交流阻抗大的元件（如电感、电阻）与负载串联，以降落较大的纹波电压；把对交流阻抗小的元件（如电容）与负载并联，以旁路较大的纹波电流。其滤波原理与电容、电感滤波类似。

【电感电容滤波电路（LC 滤波电路）】 电感电容滤波电路如图 1-37 所示。由于电感的感抗值与频率成正比，所以电感对交流成分呈现出很高的阻抗，对直流成分的阻抗非常小，把

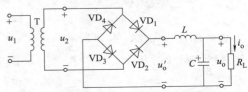

图 1-37 电感电容滤波电路

它串接在电路中，整流电路输出的脉动电压中的交流成分大部分降落在电感 L 上，而直流成分通过电感。同时，电容的容抗与频率成反比，对交流成分的阻抗小，对直流成分的阻抗大，所以把它并联在负载两端，可以把剩下的交流成分旁路掉。此电路适用于输出电流较大、输出电压脉动小的场合。

【π 形滤波电路（LCπ 形滤波电路、RCπ 形滤波电路）】

图 1-38 为 LCπ 形滤波电路，用于要求输出电压较小的场合。由于输入端接有电容，所以 LCπ 形滤波电路也会出现浪涌电流，一般取 $C_1 < C_2$。

图 1-39 为 RCπ 形滤波电路，为了降低成本，在负载电流较小的电路中，用电阻 R 取代电感 L，可以缩小体积，降低成本。但电阻 R 上会产生直流电压降落，所以一般取 R 远小于 R_L，这种滤波电路适用于负载电流较小而又要求输出电压脉动小的场合。

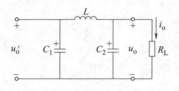
图 1-38　LCπ 形滤波电路

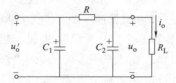
图 1-39　RCπ 形滤波电路

小知识

不同滤波电路的性能比较

滤波形式	电容滤波	电感滤波	LC 滤波	LCπ 形滤波	RCπ 形滤波
滤波效果	较好(小电流时)	较差(小电流时)	较好	好	较好
输出电压	高	低	低	高	较高
输出电流	较小	大	大	较小	小
负载能力	差	好	较好	差	差

1.4　特殊二极管

话题引入

随着科技的发展，人们利用不同材料、不同工艺技术生产出了满足各种特定场合需求的各种特殊二极管。例如稳压二极管、光敏二极管、检波二极管、限幅二极管、变容二极管、混频用二极管、开关用二极管、雪崩二极管、肖特基二极管、阻尼二极管和发光二极管等。下面就介绍几种在我们身边广泛使用的特殊二极管。

1.4.1 稳压二极管

【外形特征】 稳压二极管常用于小容量的稳压电路中，图 1-40 所示为常用的稳压二极管外形。

图 1-40 常用的稳压二极管外形

【伏安特性】 稳压二极管的伏安特性曲线、图形符号及稳压管电路如图 1-41 所示。它的正向特性曲线与普通二极管相似，而反向击穿特性曲线很陡。在正常情况下稳压管工作在反向击穿区，由于曲线很陡，反向电流在很大范围内变化时，端电压变化很小，因而具有稳压作用。图 1-41a 中的 U_B 表示反向击穿电压，当电流的增量（$\Delta I_Z = I_{Zmax} - I_{Zmin}$）很大时，只引起很小的电压变化 ΔU_Z。只要反向电流不超过其最大稳定电流，就不会形成破坏性的热击穿。因此，在电路中应与稳压二极管串联一个具有适当阻值的限流电阻。

【电气文字及图形符号】 稳压二极管的电气文字符号是 VS，其电气图形符号如图1-41b 所示。

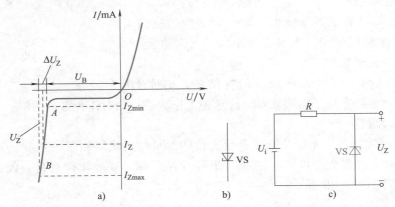

图 1-41 稳压二极管的伏安特性曲线、图形符号及稳压电路
a）伏安特性曲线 b）符号 c）稳压电路

【主要参数】

稳定电压 U_Z 指在规定的测试电流下，稳压管工作在击穿区时的稳定电压。由于制造工艺的原因，同一型号的稳压管 U_Z 分散性很大。但对每一个稳压管来说，对应一定的工作电流只有一个确定值，选用时应以实际测量结果为准。

稳定电流 I_Z 指稳压管在稳定电压时的工作电流，其范围在 $I_{Zmin} \sim I_{Zmax}$ 之间。

最大耗散功率 P_M 指管子工作时允许承受的最大功率，其值为 $P_M = I_{Zmax} U_Z$。

稳压二极管的使用原则

1. 稳压二极管的正极要接低电位，负极要接高电位，保证工作在反向击穿区。

2. 为防止稳压二极管的工作电流超过其最大稳定电流 I_{Zmax} 而引起管子破坏性击穿，应串接限流电阻 R。

3. 稳压二极管不能并联使用，以免因稳压值不同造成管子电流不均而过载损坏。

常用稳压二极管的型号及稳压值

型号：1N4728、1N4729、1N4730、1N4732、1N4733、1N4734、1N4735、1N4744、1N4750、1N4751、1N4761。

稳压值：3.3V、3.6V、3.9V、4.7V、5.1V、5.6V、6.2V、15V、27V、30V、75V。

1.4.2　光敏二极管

【外形及内部结构】　它是一种光电转换器件，其结构与普通二极管的结构基本相同，只是在它的 PN 结处，通过管壳上的一个玻璃窗口能接收外部的光照。光敏二极管的外形及图形符号如图 1-42 所示。

【工作原理】　光敏二极管的基本原理是光照到 PN 结上时，吸收光能并转换为电能。它具有以下两种工作状态：

1）当光敏二极管上加反向电压时，管子中的反向电流随光照强度的改变而改变，光照强度越大，反向电流越大，大多数都工作在这种状态。

2）光敏二极管上不加电压，利用 PN 结在受光照时产生正向电压的原理，把它用于微型光电池。这种工作状态，一般作光电检测器。

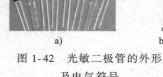

图 1-42　光敏二极管的外形
及电气符号
a）外形图　b）电气图形符号

1.4.3　发光二极管

【外形及内部结构】　光敏二极管是受光器件，而与之功能相对的还有一种电能转换为光能的特殊器件——发光二极管（LED），它是用磷化镓、磷砷化镓材料制成，其外形及电气图形符号如图 1-43a、b 所示。

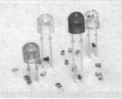

a）

b）

图 1-43　发光二极管
a）外形　b）电气图形符号

【工作原理】 在发光二极管中，不仅具有普通二极管的正、反向特性，而且当给管子施加正向偏压时，管子还会发出可见光和不可见光（即电致发光）。还有变色发光二极管，即当通过二极管的电流改变时，发光颜色也随之改变。发光二极管常用作显示器件，例如常见的七段式或矩阵式器件。

【特点及应用前景】 LED 具有工作电压低、工作电流小、发光均匀、寿命长等特点。因此，在目前倡导节能型社会的背景下，越来越受到人们的关注。

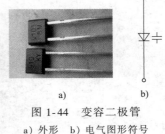

图 1-44 变容二极管
a）外形 b）电气图形符号

1.4.4 变容二极管

变容二极管的外形和电气图形符号如图 1-44 所示。其结电容的大小除了与本身的结构和工艺有关外，还与外加电压有关。结电容随反向电压的增加而减小，这种效应显著的二极管称为变容二极管。变容二极管常用于调谐电路和检测电路中。

1.5 技能实训 单相桥式整流滤波电路的安装与测试

【实训目的】

1. 学会识别普通二极管和特殊二极管。
2. 掌握用万用表测试、判断二极管好坏的基本方法。
3. 通过测试，了解硅管和锗管的区别。
4. 熟悉变压、整流和滤波的原理。
5. 根据输出电压和输出电流的要求，会选择电路元器件。
6. 掌握电路的调试和检测方法。

【设备与材料】

单相桥式整流滤波电路元器件明细见表 1-2。

表 1-2 设备与材料表

序 号	名 称	代 号	型号规格	数 量
1	万用表		500 型	1
2	示波器		YB4320	1
3	变压器	T	220V/18V,30VA	1
4	二极管	VD	1N4007	4
5	电解电容	C	220μF/25V	1
6	电阻	R_L	1kΩ	2
7	电阻	R	2.2kΩ	2
8	发光二极管	VL	红、黄、绿	3
9	稳压二极管	VS	5V	2
10	面包板			1

面 包 板

小 知 识

面包板是一种实验用电路板，它不需要进行元器件的焊接，只需直接将元器件和导线插入小孔内进行搭接后就可以完成电路的连接，使用非常方便。面包板有各种不同的型号，图1-45所示为某面包板的外形。

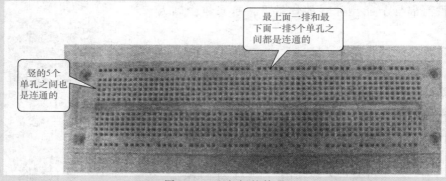

最上面一排和最下面一排5个单孔之间都是连通的

竖的5个单孔之间也是连通的

图1-45　面包板的外形

【实训方法与步骤】

1）观察普通二极管、发光二极管和稳压二极管的外部形状，并区分引脚。

2）用指针式万用表的 R×100 或 R×1k 档测量二极管的两个电极，在两次测量中所测阻值较小时，与黑表笔相接的一端为二极管的阳极，与红表笔相接的一端为二极管的阴极。

3）用指针式万用表的 R×100 或 R×1k 档测量二极管正、反向电阻，在表1-3中记录正反向电阻值，判别二极管的质量好坏。

表1-3　二极管正反向电阻测量值

二极管型号	正 向 电 阻	反 向 电 阻	质 量 判 断

4）将二极管接入正偏电路中，利用万用表的直流电压档测量二极管的正向压降来区别硅管或锗管。

5）按图1-46所示单相桥式整流电容滤波电路选择元器件，用万用表检测后，在面包板上搭接电路。

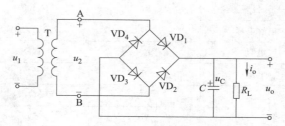

图1-46　单相桥式整流电容滤波电路

6）元器件整形。引线弯曲处与元器件本体之间应保持一定的距离，如图 1-47 所示；对于玻璃封装的二极管等弯曲引线要注意机械应力的作用，如图 1-48 所示。

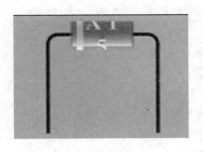

图 1-47 一般元器件整形示意图

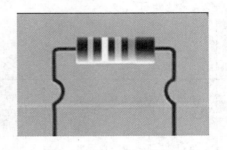

图 1-48 预防机械应力的元器件整形示意图

7）布局。布局原则是疏密均匀，方便连线。变压器体积大，产生的热量较大，放置在面包板左边；二极管 $VD_1 \sim VD_4$ 卧式安装，器件本体紧贴底板；电阻 R_L 卧式安装，多个电阻时要注意色环朝向一致，本体紧贴底板；电容 C 立式安装，注意极性，底部尽量贴近底板。面包板布局图如图 1-49 所示。

8）连线。按原理图将各个元器件的引脚用导线连接起来。电路连线后的实物图如图 1-50 所示。

图 1-49 面包板布局图

图 1-50 电路连线实物图

9）用示波器观察并记录交流电压 u_2 和输出直流电压 u_o 的波形，结合原理进行分析；用万用表测出输出电流在 50mA~1A 时，在表 1-4 中记录输出电压的波动范围。

表 1-4 输出电流波动对输出电压的影响测试

测试项目	测试数据记录			
交流电压 u_2				
输出电流 I_o	50mA	100mA	500mA	1A
输出电压 u_o				

【撰写实训报告】 实训报告内容包括实训数据记录，原理分析和数据分析等。

【实训考核评分标准】 实训考核评分标准见表 1-5。

表1-5　实训考核评分标准

序号	项　　目	分值	评 分 标 准
1	二极管的识别与测试	20	1. 能正确识别二极管,得5分 2. 能正确使用万用表测量二极管的正、反向电阻,得5分 3. 能判别阳极和阴极,得5分 4. 能判别硅管或锗管,得5分 5. 不能识别或测试,视情况扣分
2	单相桥式整流电容滤波电路安装	30	1. 会合理选择元件,得15分 2. 电路搭接正确,得15分 3. 不会选择元件和电路搭接不正确,适当扣分
3	单相桥式整流电容滤波电路调试	20	1. 能正确使用示波器、万用表测试波形和数据,得20分 2. 不能正确使用示波器、万用表测试波形和数据,适当扣分
4	安全文明操作	10	1. 工作台面整洁,工具摆放整齐,得5分 2. 严格遵守安全文明操作规程,得5分 3. 工作台面不整洁,违反安全文明操作规程,酌情扣分
5	实训报告	20	1. 实训报告内容完整、正确,质量较高,得20分 2. 内容不完整,书写不工整,适当扣分

小　　结

二极管实际上就是由 PN 结通过一定的外壳封装并引出两根电极的半导体器件。它的伏安特性体现了 PN 结的单向导电性,一般硅管的导通电压约为 0.7V,锗管的导通电压约为 0.3V。二极管的主要参数有最大整流电流、最高反向工作电压和最高工作频率等。硅稳压二极管、光敏二极管、发光二极管和变容二极管等都属于特殊用途的二极管。

利用二极管单向导电性和正向压降很小的特点,可组成整流、检波、限幅和钳位等电路。整流电路是将交流电压变换为直流脉动电压,目前广泛采用单相桥式整流电路和三相桥式整流电路。

滤波电路通常由电抗元件组成。将电容器与负载并联组成电容滤波,将电感器与负载串联组成电感滤波,由电容、电感(或电阻)可组成复式滤波。小电流负载时用电容滤波,大电流负载时用电感滤波。为进一步减小脉动,提高滤波效果,可采用复式滤波电路。

习　　题

1-1　填空题

1)_____称本征半导体。

2)杂质半导体分_____型半导体和_____型半导体。前者中多数载流子是_____,少数载流子是_____;后者中多数载流子是_____,少数载流子是_____。

3)在 PN 结两侧外加直流电压,正端与 P 区相连,负端与 N 区相连,这种接法称之为PN 结的_____偏置。

4)稳压二极管正常工作时工作在_____状态。

1-2 选择题

1）本征半导体掺入五价元素后成为＿＿＿＿＿＿＿＿。

A. 本征半导体   B. N 型半导体   C. P 型半导体

2）二极管的正向电阻＿＿＿＿＿＿，反向电阻＿＿＿＿＿＿。

A. 大   B. 小

3）锗二极管的导通电压为＿＿＿＿＿＿，硅二极管的导通电压为＿＿＿＿＿＿。

A. 0.7V   B. 0.3V

4）稳压管的稳压区是其工作在＿＿＿＿＿＿＿。

A. 正向导通   B. 反向截止   C. 反向击穿

5）单相桥式整流、电阻性负载电路中，二极管承受的最大反向电压是＿＿＿＿＿＿＿。

A. U_2 B. $\sqrt{2}\,U_2$ C. $2\sqrt{2}\,U_2$

6）单相桥式整流、电感滤波电路中，负载电阻 R_L 上的直流平均电压等于＿＿＿＿＿＿。

A. $0.9U_2$ B. $1.2\,U_2$ C. $1.4U_2$

7）单相桥式整流、电容滤波电路中，负载电阻 R_L 上的直流平均电压等于＿＿＿＿＿＿。

A. $0.9U_2$ B. $1.2\,U_2$ C. U_2

1-3 判断题

单相桥式整流电路中，负载电阻 R_L 上的直流平均电压等于 $0.9U_2$。（   ）

1-4 选用二极管时主要考虑哪些参数？这些参数的含义是什么？

1-5 如何用万用表判别二极管的好坏？

1-6 写出图 1-51 所示各电路的输出电压值 U_o，设二极管导通电压为 0.7V。

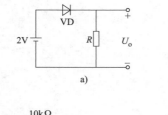
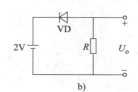

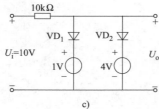
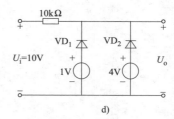

图 1-51 习题 1-6 图

1-7 图 1-52 所示电路中，发光二极管导通电压 $U_D = 1.5\text{V}$，正向电流为 $5 \sim 15\text{mA}$ 时才能正常工作。试问：R 的取值范围是多少发光二极管才能正常发光？

1-8 某光电检测仪的光码盘电动机电路中，要求 9V 的直流电压和额定电流为 500mA 的直流电源，试选择整流电路和整流元器件。

1-9 在桥式整流电容滤波电路中，若要求输出直流电压为24V，输出电流为100mA，试选择整流二极管和滤波电容器。

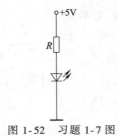

图 1-52 习题 1-7 图

第2章 晶体管及放大电路基础

本章导读

知识目标

1. 掌握晶体管的结构和器件符号。
2. 掌握基本共射放大电路的工作原理，了解共射放大电路主要元器件的作用。
3. 了解晶体管的放大原理及其特性曲线。
4. 了解晶体管的主要参数。
5. 了解放大器直流通路与交流通路；了解小信号放大器性能指标（放大倍数、输入电阻、输出电阻）的含义。

技能目标

1. 会用万用表判别晶体管的引脚和质量优劣。
2. 会查阅半导体手册，会利用网络搜索查找晶体管的主要参数，在实践中能合理使用晶体管。
3. 会使用万用表调试基本共射放大电路中晶体管的静态工作点。
4. 会搭接分压式偏置放大器，调整静态工作点。

2.1 晶 体 管

话题引入

双极型晶体管（以下简称为晶体管）具有体积小、功耗小、控制电路简单和使用方便等优点，被称为放大电路中的"放大之神"，电路中凡是需要放大信号的地方几乎都有晶体管的身影，而电子电路中需要放大电路的地方无处不在，除了众所周知的放大器电路之外，振荡器电路、自动控制电路、混频器电路等都需要放大电路。故晶体管在电子电路中有着极其广泛的应用。

2.1.1 晶体管的结构与类型

晶体管有两种载流子（电子与空穴）同时参与导电，故又称为双极型晶体管（BJT）。晶体管的基本功能是具有电流放大作用。

【晶体管的外形】 常见晶体管的外形如图 2-1 所示。

图 2-1 常见晶体管的外形

【晶体管的结构】 晶体管的结构如图 2-2 所示。根据其结构的不同，晶体管可分为 NPN 型和 PNP 型两种。

晶体管的中间部分称为基区，引出的电极称为基极，用 B 或 b 表示；一侧称为发射区，引出的电极称为发射极，用 E 或 e 表示；另一侧称为集电区，引出的电极称为集电极，用 C 或 c 表示。E、B 间的 PN 结称为发射结，C、B 间的 PN 结称为集电结。

基区很薄，且掺杂浓度很低，集电区的掺杂浓度也较低。集电结的面积比发射结的面积大，而发射区掺杂浓度高，这是晶体管具有电流放大作用的内因。

NPN 型晶体管和 PNP 型晶体管的符号如图 2-3 所示。

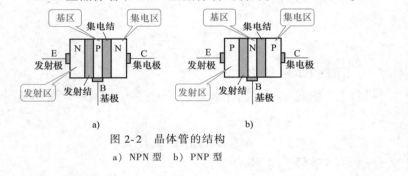

图 2-2 晶体管的结构
a）NPN 型 b）PNP 型

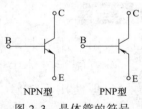

图 2-3 晶体管的符号

【晶体管的分类】

1）按材料可分为硅管和锗管。硅管受温度影响小，性能稳定，应用广泛。

2）按结构可分为 NPN 型晶体管和 PNP 型晶体管。硅管多数是 NPN 型，采用平面工艺制造；锗管多数是 PNP 型，采用合金工艺制造。

3）按功率可分为小功率管、中功率管、大功率管等。

4）按工作频率可分为低频管、高频管和超高频管。

2.1.2 晶体管的放大原理

【晶体管的工作电压】 晶体管要实现放大作用必须满足的外部条件：发射结加正向电压，集电结加反向电压，即发射结正偏，集电结反偏。如图 2-4 所示，其中 VT 为晶体管，U_{CC} 为集电极电源电压，U_{BB} 为基极电源电压，NPN 型和 PNP 型两类管子外部电路所接电源极性正好相反，R_B 为基极电阻，R_C 为集电极电阻。若以发射极电压为参考电压，则晶体管发射结正偏，集电结反偏这个外部条件也可用电压关系来表示：对于 NPN 型：$U_C > U_B > U_E$；对于 PNP 型：$U_E > U_B > U_C$。发射结正向偏置数值应大于发射结的死区电压。

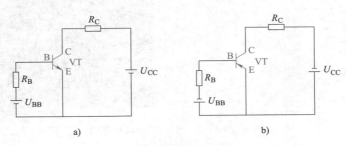

图 2-4 晶体管电源的接法
a）NPN 型 b）PNP 型

【基本连接方式】 晶体管有三个电极，连接成电路时必须有两个电极接输入回路，两个电极接输出回路，这样势必有一个电极要作为输入和输出回路的公共端，根据公共端的不同，有三种基本连接方式。

共发射极接法（简称共射接法） 共射接法是以基极为输入端的一端，集电极为输出端的一端，发射极为公共端，如图 2-5a 所示。

共基极接法（简称共基接法） 共基接法是以发射极为输入端的一端，集电极为输出端的一端，基极为公共端，如图 2-5b 所示。

共集电极接法（简称共集接法） 共集接法是以基极为输入端的一端，发射极为输出端的一端，集电极为公共端，如图 2-5c 所示。

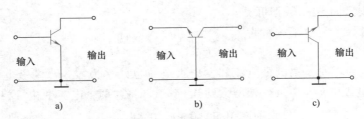

图 2-5 晶体管电路的三种组态
a）共发射极接法 b）共基极接法 c）共集电极接法

图中"⊥"表示公共端，又称接地端。

 实验告诉你：

晶体管的放大作用

/器材/ 晶体管、电流表、电压表、电位器、电阻器、电源。

/内容/
晶体管放大作用实验电路如图 2-6 所示。

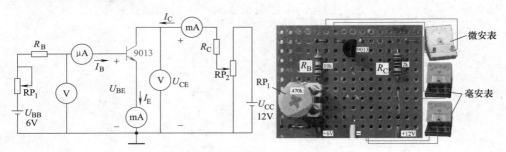

图 2-6　晶体管放大作用实验电路

实验电路中有三条支路的电流通过晶体管，即基极电流 I_B、集电极电流 I_C 和发射极电流 I_E，电流方向如图 2-6 中箭头所示。电源 U_{BB} 通过电位器 RP_1 和电阻 R_B 提供 NPN 型晶体管发射结正向偏压 U_{BE}；电源 U_{CC} 通过电位器 RP_2 和电阻 R_C 加在集电极和发射极之间以提供电压 U_{CE}，也是为 NPN 型晶体管集电结提供反向偏压。

调节电位器 RP_1 的阻值，可以改变发射结上的偏置电压，从而改变基极电流 I_B 的大小，观察 I_B 的变化引起的 I_C 和 I_E 的变化。

/现象/　实验读取的数据见表 2-1。

表 2-1　实验读取的晶体管三个电极上的电流数据

$I_B/\mu A$	0	10	20	30	40	50	60
I_C/mA	0.01	0.48	0.96	1.44	1.92	2.40	2.88
I_E/mA	0.01	0.49	0.98	1.47	1.96	2.45	2.94

/分析/　由表 2-1 中的数据可见：

1）晶体管各极电流分配关系为

$$I_E = I_B + I_C \qquad\qquad (2-1)$$

2）基极电流为零时，集电极电流和发射极电流也几乎为零，当基极电流从 $10\mu A$ 增大到 $20\mu A$ 时，集电极电流从 0.48mA 增大到 0.96mA，将这两个电流变化量相比得

$$\frac{\Delta I_C}{\Delta I_B} = \frac{0.96 - 0.48}{0.02 - 0.01} = \frac{0.48}{0.01} = 48$$

可见，当基极电流有一个微小变化时，将引起集电极电流有一个较大变化，这两个电流变化量的比值叫做晶体管的交流放大倍数 β，即

$$\beta = \frac{\Delta i_C}{\Delta i_B} \qquad\qquad (2-2)$$

/结论/　分析表 2-1 中的数据还可以看出，集电极电流 I_C 与基极电流 I_B 有着固定的倍数关系，即 I_C/I_B 约为 48。通常集电极电流 I_C 为基极电流 I_B 的几十倍到几百倍，用 $\bar{\beta}$ 表示，称为晶体管的直流电流放大系数，即

$$\bar{\beta} = \frac{I_C}{I_B} \qquad\qquad (2-3)$$

一般情况下，对某个晶体管 β 和 $\bar{\beta}$ 的值基本相同，今后就不再区分了，均以 β 来表示。

综上所述，由于基极电流 I_B 的变化，使集电极电流 I_C 发生更大的变化，即基极电流 I_B 的微小变化控制了集电极电流 I_C 较大的变化，这就是晶体管的电流放大原理。

值得注意的是，晶体管经过放大后的电流 I_C 是由电源 U_{CC} 提供的，并不是 I_B 提供的，即晶体管并没有创造能量。

2.1.3 晶体管的特性曲线

晶体管的特性曲线是指各极电压与电流之间的关系曲线，它是晶体管内部载流子运动的外部表现。下面以 NPN 型晶体管共发射极接法为例来分析晶体管的特性曲线。

当基极作为输入端、集电极作为输出端时，称为共发射极接法，如图 2-6 所示。这种电路的应用最为广泛，因此仅介绍共发射极接法的输入、输出特性曲线。

【输入特性曲线】 输入特性曲线是指当晶体管的集电极和发射极之间的电压 U_{CE} 一定时，基极电流 I_B 和输入电压 U_{BE} 的关系曲线。

1）当 $U_{CE}=0V$ 时，相当于集电极与发射极之间短路，得到特性曲线 A，如图 2-7 所示。

2）当 $U_{CE}=1V$ 时，可得到另外一条特性曲线 B，如图 2-7 所示。$U_{CE}>1V$ 时的特性曲线与 $U_{CE}=1V$ 时的曲线基本重合。

从晶体管的输入特性曲线可以看出，该曲线与二极管伏安特性曲线相似。它有一个死区，对于硅管，死区电压为 $0.5V$，对于锗管，死区电压为 $0.1V$。晶体管处于正常放大状态时，硅管的 U_{BE} 约为 $0.7V$，锗管的 U_{BE} 约为 $0.3V$。

【输出特性曲线】 输出特性曲线是指当基极电流 I_B 一定时，集电极电流 I_C 与晶体管集电极与发射极之间的电压 U_{CE} 的关系曲线，如图 2-8 所示。

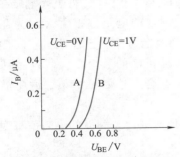

图 2-7 晶体管的输入特性曲线

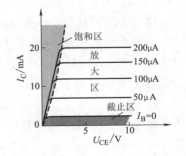

图 2-8 晶体管的输出特性曲线

2.1.4 晶体管的三种工作状态

【截止状态】 当加在晶体管发射结的电压小于 PN 结的导通电压时，基极电流为零（$I_B=0$）。集电极和发射极电流（I_C 和 I_E）近似为零，晶体管不具有放大作用，称为截止。截止区的特点是发射结和集电结都处于反偏。

【放大状态】 当加在晶体管发射结的电压大于 PN 结的导通电压，并处某一恰当值时，发射结正偏，集电结反偏，这时基极电流 I_B 对集电极电流 I_C 起控制作用，即 $I_C=\bar{\beta}I_B$。

由于曲线等距，所以 β 值为定值，I_C 与 U_{CE} 基本无关，晶体管具有电流放大作用。

【饱和导通状态】 当加在晶体管发射结上的电压大于 PN 结的导通电压，基极电流 I_B 增大到一定程度时，集电极电流 I_C 不再随着基极电流的增大而增大，而是处于某一固定值附近，晶体管失去了电流放大作用，集电极与发射极之间的电压很小，相当于开关的导通状态。饱和区的特点是集电结和发射结都处于正偏。

2.1.5 晶体管的主要参数

【共射电流放大系数】 集电极电流与基极电流的比值称为共射电流放大系数。中小功率晶体管的 β 通常在 30～150 之间较为合适。β 值太小，放大作用差；β 值太大，性能不稳定。

【穿透电流 I_{CEO}】 它是指基极开路时，集电极、发射极之间加上规定反向电压时的集电极电流，即 $I_B = 0$ 时的 I_C 值。它表明基极对集电极电流失控的程度。小功率硅管的 I_{CEO} 约为 $0.1\mu A$。锗管的 I_{CEO} 约为 $10\mu A$。大功率硅管的 I_{CEO} 约为 mA 级。I_{CEO} 越小，工作越稳定，质量越好。

【最大集电极电流 I_{CM}】 I_{CM} 由以下两方面的因素决定：当 $U_{CE} = 1V$ 时，使管耗 P_C 达到最大值时的 I_C 值；使 β 值下降到正常值的 2/3 时的 I_C 值。I_C 超过 I_{CM} 时，性能将显著变差，长时间使用可导致晶体管损坏。

【最大管耗 P_{CM}】 P_{CM} 等于 I_C 与 U_{CE} 的乘积，管子工作不能超过此限度，其大小决定于集电结的最高结温。

【反向击穿电压值 $U_{(BR)CEO}$】 指基极开路时加在 C-E 两极电压的最大允许值，一般为几十伏，当 $U_{CEO} > U_{(BR)CEO}$ 时，晶体管的 I_C 与 I_E 值剧增，使晶体管击穿损坏。

2.1.6 给晶体管体检

用万用表可以判断晶体管的电极、类型及好坏。测量时应将万用表置欧姆档 "R×100" 或 "R×1k"。

【判断基极 B 和晶体管的类型】 先假设晶体管的某极为 "基极"，将黑表笔接在假设的基极上，再将红表笔依次接到其余两个电极上，若两次测得的电阻都很大（约为几千欧到十几千欧）或者都很小（约为几百欧至几千欧），则对换表笔再重复上述测量，若测得两个电阻值相反（都很小或都很大），则可确定假设的基极是正确的。否则，假设另一电极为 "基极"，重复上述的测试，以确定基极。若无一个电极符合上述测量结果，说明晶体管已损坏。

当基极确定后，将黑表笔接基极，红表笔分别接其他两极，若测得的电阻值都很小，则该晶体管为 NPN 型；反之则为 PNP 型。

【判断集电极 C 和发射极 E】 现在多数万用表都有测试晶体管 h_{FE} 档和专用插座，将晶体管基极对准 "B" 孔插入插座后，若集电极 C 和发射极 E 与插座所标注的一致，万用表指针摆动幅度大。

若万用表无 h_{FE} 档，也可用万用表欧姆档测试，电路如图 2-9 所示。以 NPN 型为例，把黑表笔接到假设的集电极 C 上，红表笔接到假设的发射极 E 上，并用手捏住 B 和 C 极（B、C 不能直接接触，通过人体相当于在 B、C 之间接入偏置电阻），读出表头所示 C、E 间的电阻值，然后重新假设 C、E 极，按以上步骤重测。若第一次电阻值比第二次小，说明第一次假设成立。否则，说明第二次假设成立。

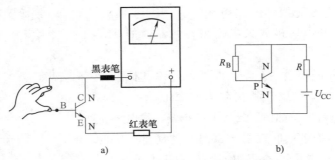

图 2-9　判别晶体管 C、E 极的测试电路

a）示意图　b）等效电路

要精确测试晶体管的输入、输出特性曲线及电流放大倍数 β 等参数，可用晶体管图示仪。

2.1.7　合理选用晶体管

1）晶体管工作时必须防止其电流、电压超出最大极限值。

2）选用晶体管主要应注意以下参数：P_{CM}、I_{CM} 和 $U_{(BR)CEO}$ 都要考虑留有一定富裕系数，开关电路则应考虑晶体管的频率参数。

3）管子的基本参数相同可以代换，性能高的可代换性能低的。注意锗、硅管通常不能互换。

4）晶体管安装时应避免靠近发热元器件并保证管壳散热良好。大功率管应加散热片（磨光的紫铜板或铝板），散热装置应垂直安装，以利于空气自然对流。

2.2　基本放大电路

 话题引入

在各种电子设备中，放大电路应用最为广泛。放大电路的功能就是在输入端加入微弱的电信号，可在输出端得到一个被放大了的电信号。利用晶体管的电流放大作用，就可以组成各种放大电路。基本放大电路是晶体管放大电路中最简单的电路形式。

2.2.1　基本放大电路的组成

一个基本放大电路通常由以下几部分组成：输入信号源、晶体管、输出负载和直流电源以及相应的偏置电路，图 2-10 所示为共发射极放大电路。

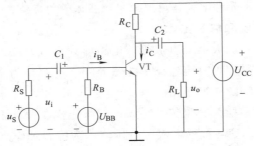

图 2-10　共发射极放大电路

2.2.2 放大电路主要元器件的作用

图 2-10 所示的共发射极放大电路中各元器件的作用如下。

【晶体管 VT】 晶体管 VT 为放大器件，由基极小电流 i_B 的变化得到集电极电流 i_C 较大的变化。

【电源 U_{CC} 和 U_{BB}】 使晶体管的发射结正偏，集电结反偏，处于放大状态，同时提供放大电路的能量来源。U_{CC} 一般在几伏至十几伏之间，U_{BB} 一般为几伏。

图 2-10 中用了两组电源，这在实际应用中很不方便。实际应用中可以合用一个电源 U_{CC}，通过适当地增加 R_B 值以使 i_B 保持不变，常见的基本电路画法如图2-11所示。

图 2-11 基本放大电路

【偏置电阻 R_B】 用来调节基极偏置电流 i_B，使晶体管有一个合适的工作点，一般为几十至几百千欧。

【集电极负载电阻 R_C】 将集电极电流 i_C 的变化转换为电压的变化，以获得放大了的电压，一般为几千欧。

【电容 C_1、C_2】 起到耦合的作用，用来传递交流信号；同时，又使放大电路和信号源以及负载之间相互隔离，起阻隔直流的作用。为减小传递信号的电压损失，C_1、C_2 应选得足够大，一般为几微法至几十微法，通常采用电解电容器。

图 2-11 所示的基本放大电路输入回路与输出回路是以发射极为公共端的，因此这种放大电路称为共发射极放大电路。

2.3 放大电路的分析

 话题引入

放大电路亦称为放大器，其核心器件是晶体管，为了使晶体管工作在放大状态，必须给晶体管各电极一个合适的直流工作电压，以使晶体管各电极有适当的直流电流，晶体管放大电路离不开直流电路，没有晶体管直流电路工作的正常，就根本谈不上晶体管交流电路的正常。由于受测量条件的限制，对晶体管放大电路故障的检查就是通过测量晶体管各电极直流电压工作的情况，依据晶体管电路工作原理来推理晶体管的交流工作状态的。

2.3.1 放大器的直流通路和静态工作点

【放大器的直流通路】 放大器的直流等效电路即为直流通路，是放大器输入回路和输出回路直流电流的流经途径。画直流通路的方法是：将电容视为开路，电感视为短路，图2-11 所示电路的直流通路如图 2-12 所示。

【静态工作点】 静态是指无交流信号输入时放大电路的工作状态。静态时，电压、电流均为直流量，静态时晶体管各极的电流和电压值称为静态工作点 Q，如图 2-13 所示。静态分析主要是确定放大电路中的静态值 I_{BQ}、I_{CQ} 和 U_{CEQ}。

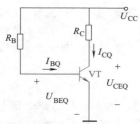

图 2-12 基本放大电路的直流通路

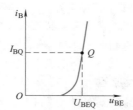 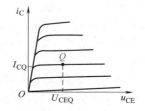

图 2-13 基本放大电路的静态工作点

阅读材料

为什么要设置静态工作点

放大器是放大交流信号的，为什么要设置静态工作点呢？下面就来分析设置静态工作点的原因。

将图 2-11 所示电路去掉基极电阻 R_B，电路变为图 2-14 所示，这时输入端输入正弦信号 u_i（对交流信号视为短路），只有在输入信号正半周且信号电压大于发射结死区电压时，发射结才正偏导通，才有基极电流 i_B 通过。在输入信号负半周，发射结反偏截止，无基极电流，于是得到图 2-15b 所示的失真 i_B 波形。图 2-15a 所示是晶体管输入特性曲线，图 2-15c 所示是输入信号的完整正弦波形。因此，由于死区电压的原因，在交流输入信号的一个周期内，晶体管只有一小部分时间导通，大多数时间不能产生基极电流和集电极电流，使输出波形与输入波形不同，这种现象称为放大器的失真。

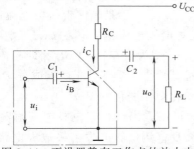

图 2-14 不设置静态工作点的放大电路

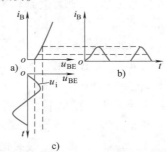

图 2-15 不设置静态工作点的放大器的波形图

针对上述波形产生失真的原因，采取消除失真的办法是：在输入交流信号之前，先给晶体管发射结加上正向电压 U_{BEQ}，使基极有一个起始直流电流 I_{BQ}，此时再输入交流信号 u_i，即可使 u_i 叠加到 U_{BEQ} 上，那么整个输入电压就变为 $u_{BE} = U_{BEQ} + u_i$，如图 2-16a 所示。将该电压作用于发射结就大于死区电压了，得到

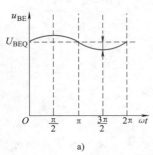 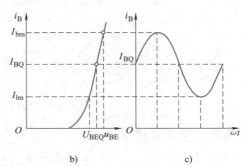

图 2-16 设置静态工作点后的 u_{BE}、i_B 波形图

的基极电流 $i_B = I_{BQ} + i_b$ 仍为基极直流电流 I_{BQ} 与 u_i 产生的交流电流的叠加，如图 2-16c 所示。可见设置静态工作点相当于用 U_{BEQ} 将 u_i 举起，避开输入特性曲线的死区部分，而让晶体管工作在输入特性曲线的近似为线性的部分，使 u_i 在整个周期内不会进入截止区。由此保证了在 u_i 的整个周期内晶体管均处于放大状态，避免了波形失真。

2.3.2 交流通路和放大原理

【交流通路】 放大器交流等效电路即为交流通路，是放大器输入的交流信号的流通途径。它的画法是：将电容视为短路，电感视为开路，直流电压源视为短路，其余元器件照画。于是图 2-11 所示电路的交流通路如图 2-17 所示。

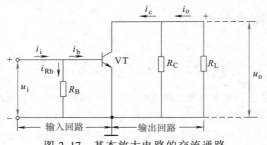

图 2-17 基本放大电路的交流通路

【放大原理】 有信号输入时，放大电路的工作状态称为动态。动态时，电路中既有代表信号的交流分量，又有代表静态偏置的直流分量，是交直流共存状态。

当输入信号 u_i 加到放大电路输入端时，电路就由静态转入到动态。即当输入后，通过 C_1 耦合使晶体管发射结电压发生了变化：由 U_{BEQ} 变为 $U_{BEQ} + u_i$，于是晶体管基极电流由 I_{BQ} 变为 $I_{BQ} + i_b$；其变化量 i_b 通过晶体管的电流控制作用使集电极电流由 I_{CQ} 变为 $I_{CQ} + i_c$；如果不接负载电阻 R_L，集电极电流流过 R_C 产生的压降由 $I_{CQ} R_C$ 变为 $(I_{CQ} + i_c) R_C$，即晶体管集射极间电压 $u_{CE} = U_{CC} - i_C R_C = U_{CC} - (I_{CQ} + i_c) R_C$，通过隔直耦合电容 C_2 将直流成分 U_{CEQ} 隔断，只把交流分量传给输出端，便得到 u_o。u_o 按 u_i 的变化规律变化，但 u_o 比 u_i 大许多倍，这就相当于将 u_i 放大了。但要注意，由 $u_{CE} = U_{CC} - i_C R_C$ 可以看出，当集电极电流瞬时值 i_C 增大时，u_{CE} 反而减小，即 u_{CE} 的变化恰好与 i_C 的相位相反。因此，共发射极放大电路的输出信号与输入信号是反相的。放大电路的波形变化如图 2-18 所示。

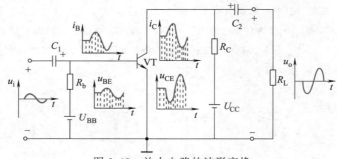

图 2-18 放大电路的波形变换

2.3.3 放大电路的主要性能指标

放大电路的放大对象是电压或电流变化信号，研究放大电路时除了要保证放大电路具有合适的静态工作点外，更重要的是研究其放大性能。对于放大电路的放大性能有两方面的要求：一是放大倍数要尽可能大；二是输出信号要尽可能不失真。衡量放大电路性能的重要指标有放大倍数、输入电阻 r_i 和输出电阻 r_o。

【电压放大倍数】　电压放大倍数的定义为输出电压与输入电压之比，即

$$A_u = \frac{u_o}{u_i} \tag{2-4}$$

【电流放大倍数】　电流放大倍数的定义为输出电流与输入电流之比，即

$$A_i = \frac{i_o}{i_i} \tag{2-5}$$

【功率放大倍数】　功率放大倍数的定义为输出信号功率与输入信号功率之比，即

$$A_p = \frac{p_o}{p_i} = \frac{u_o i_o}{u_i i_i} = A_u A_i \tag{2-6}$$

实际工作中，放大电路常用增益 G 来表示，增益的单位是分贝（dB）。定义为

$$G_u = 20\lg \frac{u_o}{u_i} dB = 20\lg A_u dB \tag{2-7}$$

$$G_i = 20\lg \frac{i_o}{i_i} dB = 20\lg A_i dB \tag{2-8}$$

$$G_p = 10\lg \frac{p_o}{p_i} dB = 10\lg A_p dB \tag{2-9}$$

【输入电阻 r_i】　放大电路的输入端加上交流信号电压 u_i，将在输入回路产生输入电流 i_i，这个电阻称为放大器的输入电阻，如图 2-19 所示。输入电阻用 r_i 来表示，即

$$r_i = \frac{u_i}{i_i} \tag{2-10}$$

输入电阻值越大，则要求信号源提供的信号电流越小，信号源的负担就越小。因此，一般要求放大电路的输入电阻大些好。

【输出电阻 r_o】　从放大电路的输出端（不包括外接负载电阻）看进去的等效交流电阻，如图 2-19 所示。输出电阻用 r_o 表示，即

$$r_o = R_C \mathbin{/\!/} r_{ce}$$

式中，r_{ce} 为放大晶体管集电极与发射极之间等效交流电阻，一般 $R_C \ll r_{ce}$，所以

$$r_o \approx R_C \tag{2-11}$$

对负载 R_L 而言，放大电路可视为具有内阻的信号源，该信号源的内阻即为放大电路的输出电阻。放大电路的输出电阻越小，它带负载能力就越强，所以输出电阻越小越好。

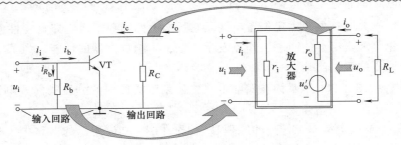

图 2-19　输入电阻和输出电阻

2.4　静态工作点的稳定

 话题引入

所谓静态工作点就是输入信号为零时，电路处于直流工作状态，这些直流电流、电压的数值在晶体管特性曲线上表示为一个确定的点，设置静态工作点的目的就是要保证在被放大的交流信号加入电路时，不论是正半周还是负半周都能满足发射结正向偏置，集电结反向偏置的晶体管放大状态。

若静态工作点设置不合适，在对交流信号放大时就可能会出现饱和失真（静态工作点偏高）或截止失真（静态工作点偏低）。

温度升高或电源电压变化等因素都会使静态工作点发生变化，可以通过改变电路结构或参数来稳定静态工作点。

2.4.1　静态工作点的估算

图 2-12 所示电路，用估算法确定静态工作点，可得

$$I_{BQ} = \frac{U_{CC} - U_{BEQ}}{R_B} \approx \frac{U_{CC}}{R_B} \tag{2-12}$$

$$I_{CQ} = \beta I_{BQ} \tag{2-13}$$

$$U_{CEQ} = U_{CC} - I_{CQ} R_C \tag{2-14}$$

例 2-1　在图 2-12 所示的电路中，若 $U_{CC} = 9V$，$R_B = 200k\Omega$，$R_C = 2k\Omega$，$\beta = 50$，试确定该放大电路的静态工作点。

解：

$$I_{BQ} \approx \frac{U_{CC}}{R_B} = \frac{9}{200}mA = 0.045mA$$

$$I_{CQ} = \beta I_{BQ} = 50 \times 0.045mA = 2.25mA$$

$$U_{CEQ} = U_{CC} - I_{CQ} R_C = 9V - 2.25mA \times 2k\Omega = 4.5V$$

2.4.2　分压式偏置电路

基本放大电路是通过基极电阻 R_B 提供静态基极电流 I_{BQ}，只要 R_B 固定了，I_{BQ} 也就固定了，所以基本放大电路也叫固定偏置电路。它虽然电路简单，但电路稳定性差，温度升高或电源电压变化等因素都会使静态工作点发生变化，影响放大器的性能。为了稳定静态工作点，常采用分压式偏置电路。

【电路结构】　图 2-20a 所示为在实际电路中得到广泛应用的分压式偏置电路，图 2-20b 所示为它的直流通路。

【电路的特点及稳定静态工作点的原理】　首先在图 2-20a 所示的电路中，利用电阻 R_{B1} 和 R_{B2} 的分压作用来固定基极电位 U_B。设流过电阻 R_{B1} 和 R_{B2} 的电流为 I_1 和 I_2，则 $I_1 = I_2 +$

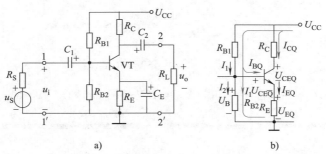

图 2-20 分压式偏置电路及直流通路
a）分压式偏置电路 b）直流通路

I_{BQ}，由于 I_{BQ} 一般很小，$I_2 \gg I_{BQ}$，所以 $I_1 \approx I_2$，这样基极电压 U_B 就完全取决于 U_{CC} 和 R_{B1}、R_{B2} 的分压比例，即 $U_B = \dfrac{R_{B2}}{R_{B1}+R_{B2}} U_{CC}$，说明在 $I_2 \gg I_{BQ}$ 的条件下，U_B 与晶体管的参数无关，仅由电源电压 U_{CC} 和 R_{B1}、R_{B2} 的分压电路决定。

另外，电路中通过发射极电阻 R_E 获得反映电流 I_E 变化的信号，反馈到输入端，实现工作点的稳定。通常 $U_B \gg U_{BEQ}$，所以发射极电流 $I_E = \dfrac{U_B - U_{BEQ}}{R_E} \approx \dfrac{U_B}{R_E}$，由此可知，$I_E$ 与晶体管的参数无关。

当温度升高时，I_{CQ} 增大，I_E 增大，$U_E(U_E = I_E R_E)$ 随之增大。由于 U_{BQ} 不变，则 U_E 的上升必将引起 $U_{BEQ}(U_{BEQ} = U_{BQ} - U_E)$ 减小，I_{BQ} 随之减小，I_{BQ} 的减小抑制了 I_{CQ} 的增加，使静态工作点基本保持不变。当温度降低时，其稳定过程相反。

【结论】 从上面的分析可以看出，分压式偏置电路之所以能稳定静态工作点，关键有两点：其一是通过电阻 R_{B1} 和 R_{B2} 的分压作用使 U_B 与晶体管的参数无关，保持恒定；其二是让电流 I_E 通过 R_E 产生压降，来抵消一部分发射结的实际偏压 U_{BEQ}。而且，要使静态工作点稳定，必须满足两个条件：$I_2 \gg I_{BQ}$，$U_B \gg U_{BEQ}$。

【静态工作点的计算】 在图 2-20a 所示的电路中

$$U_B = \frac{R_{B2}}{R_{B1}+R_{B2}} U_{CC} \tag{2-15}$$

$$I_{CQ} \approx I_E = \frac{U_B - U_{BEQ}}{R_E} \approx \frac{U_B}{R_E} \tag{2-16}$$

$$I_{BQ} = \frac{I_{CQ}}{\beta} \tag{2-17}$$

$$U_{CEQ} \approx U_{CC} - I_{CQ}(R_C + R_E) \tag{2-18}$$

例 2-2 如图 2-20a 所示，已知 $U_{CC} = 15V$，$R_{B1} = 30k\Omega$，$R_{B2} = 15k\Omega$，$R_C = 1.5k\Omega$，$R_E = 1.5k\Omega$，$R_L = 3k\Omega$，$\beta = 60$，试估算静态工作点。

解：

$$U_B = \frac{R_{B2}}{R_{B1}+R_{B2}} U_{CC} = \frac{15}{30+15} \times 15V = 5V$$

$$I_{CQ} \approx I_E = \frac{U_B - U_{BEQ}}{R_E} = \frac{5 - 0.7}{1.5}\text{mA} \approx 3\text{mA}$$

$$I_{BQ} = \frac{I_{CQ}}{\beta} = \frac{3}{60}\text{mA} = 50\mu\text{A}$$

$$U_{CEQ} \approx U_{CC} - I_{CQ}(R_C + R_E) = 15\text{V} - 3 \times (1.5 + 1.5)\text{V} = 6\text{V}$$

 阅读材料

参数补偿法静态工作点稳定电路

参数补偿式偏置电路是利用一个元器件参数随温度变化所引起的温漂来抵消另一个元器件参数随温度变化所引起的温漂，从而达到稳定静态工作点的目的。在实际应用中主要是利用热敏电阻和二极管作补偿元件来实现。

【热敏电阻补偿电路】 图 2-21 所示为采用热敏电阻的偏置电路，它是在电流负反馈偏置电路的下偏置电阻 R_{B2} 上并联一个具有负温度系数的热敏电阻 R_t，R_t 的阻值随温度的升高而减小。

当温度升高使晶体管的 I_{CQ} 增加时，由于热敏电阻 R_t 的阻值随温度的升高而减小，造成基极电压 U_B 减小，因此 U_{BEQ} 下降更多，于是基极电流 I_{BQ} 下降更多，限制了 I_{CQ} 的增加，达到稳定静态工作点的目的。

【二极管补偿电路】 图 2-22 所示为正向偏置二极管补偿 U_{BEQ} 变化的电路。当温度升高时，晶体管的 U_{BEQ} 减小，二极管正向电压 U_D 也减小，如果两者特性一致，就可以减小 U_{BEQ} 随温度漂移对 I_{CQ} 的影响。

由于锗管的 I_{CBO} 较大，I_{CBO} 随温度漂移对静态工作点的影响也很大。为了提高静态工作点的稳定性，可采用图 2-23 所示的反向偏置二极管补偿 I_{CBO} 变化的电路。

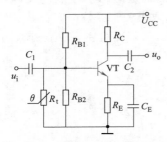
图 2-21　热敏电阻的偏置电路

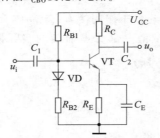
图 2-22　正向偏置二极管补偿

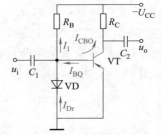
图 2-23　反向偏置二极管补偿

2.5　仿真实验　晶体管分压式偏置电路

【实验目的】

1. 测量晶体管分压偏置电路的静态工作点，并比较测量值与计算值。

2. 根据电流读数估算直流电流放大倍数 $\bar{\beta}$。

3. 用示波器测试输入电压和输出电压波形，计算电压放大倍数。

【实验电路】　用 Multisim 软件创建图 2-24 所示的电路，晶体管分压式偏置电路可通过扫一扫二维码观看。

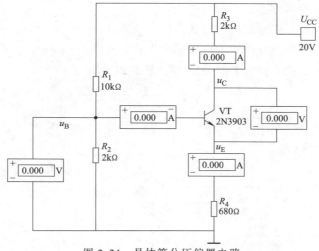

图 2-24　晶体管分压偏置电路

【实验内容与步骤】

1. 双击图中各电压表、电流表图标，弹出面板后进行设置。

2. 按下仿真开关，在表 2-2 中记录集电极电流 I_{CQ}，发射极电流 I_E，基极电流 I_{BQ}，集-射电压 U_{CEQ} 和基极电压 U_B 的测量值。

表 2-2　测试数据记录

测试项目	集电极电流 I_{CQ}	发射极电流 I_E	基极电流 I_{BQ}	集-射电压 U_{CEQ}	基极电压 U_B
数据记录					

3. 估算基极偏压 U_{BE}，并比较计算值与测量值。

4. 取 U_{BE} 的近似值为 0.7V 估算发射极电流 I_E 和集电极电流 I_{CQ}，并比较计算值与测量值。

5. 由 I_{CQ} 估算集-射电压 U_{CEQ}，并比较计算值与测量值。

6. 由 I_{CQ} 和 I_{BQ} 估算电流放大系数 $\bar{\beta}$。

7. 在输入端连接信号发生器，设置正弦信号为 1kHz，10mV。

8. 将示波器的 A 通道接输入端，B 通道接输出端，观察记录输入电压和输出电压波形，比较相位关系，计算电压放大倍数。

【思考题】

1. 静态工作点的估算值与测量值比较情况如何？

2. 当晶体管的 β 值发生变化时，分压式偏置电路的静态工作点能稳定吗？

3. 实验电路的输入电压和输出电压存在什么相位关系？比较放大倍数的测试值和计算值。

2.6　技能实训　分压式偏置放大器的安装与调试

【实训目的】

1. 熟悉低频信号发生器的使用方法。

2. 练习示波器的操作方法。

3. 学会静态工作点的调整及测试方法。

4. 了解静态工作点的位置对放大电路输出电压波形的影响。

【实训电路】 分压式偏置放大器原理图如图 2-25 所示。

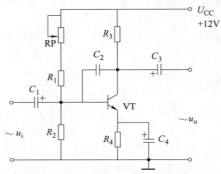

图 2-25 分压式偏置放大器原理图

【设备与材料】 分压式偏置放大器的安装元器件明细见表 2-3。

表 2-3 分压式偏置放大器的安装元器件明细表

序 号	名 称	代 号	型号规格	数 量
1	晶体管	VT	9014	1
2	电阻器	R_1	10kΩ	1
3	电阻器	R_2	5.1kΩ	1
4	电阻器	R_3	3.3kΩ	1
5	电阻器	R_4	1kΩ	1
6	电位器	RP	100kΩ	1
7	电容器	C_1	10μF	1
8	电容器	C_2	300pF	1
9	电容器	C_3	100μF	1
10	电容器	C_4	100μF	1
11	电子电压表			1
12	示波器			1
13	万用表			2
14	低频信号发生器			1
15	稳压电源			1
16	印刷电路板			1

说明：低频信号发生器用于提供电源信号；电子电压表用于测量输入、输出正弦波电压；示波器用于观察正弦波电压波形；稳压电源用于提供+12V 直流电压；万用表用于测试静态工作点。

【实训方法与步骤】

1）按图 2-25 选择元器件观察晶体管外部形状，并区分引脚，用万用表检测晶体管、电阻器和电容器。

2）元器件整形及按尺寸要求剪引脚。

3）印制电路板有单面、双面、多层和柔性板之分，本实训电路简单，元器件少，可选用单面板。

4）布局。依照元器件排列均匀、整齐和方便连线的原则，布局图如图2-26所示。

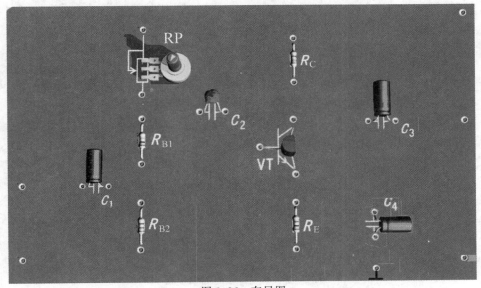

图2-26 布局图

5）元器件的插装方法。电阻器、电容器、半导体管等轴向对称元件常用卧式和立式两种方法。采用插装方法与电路板设计有关。应视具体要求，分别采用卧式或立式插装法。

卧式插装法是将元器件水平地紧贴印制电路板插装，亦称水平安装。元器件与印制电路板距离可根据具体情况而定，如图2-27a所示。要求元器件数据标记面朝上，方向一致，元器件装接后上表面整齐、美观。卧式插装法的优点是稳定性好，比较牢固，受振动时不易脱落。

立式插装法如图2-27b所示。它的优点是密度较大，占用印制电路板面积小，拆卸方便，电容、晶体管多用此法。

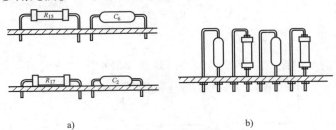

a) b)

图2-27 元器件的插装方法

a）卧式插装 b）立式插装

6）连线。按原理图用导线和焊锡将各个元器件的引脚用导线连接起来。

手工焊接一般采用以下五个步骤：

准备 一手拿焊锡丝，一手拿电烙铁，看准焊点，随时待焊，如图2-28a所示。

加热 烙铁头先送到焊接处，注意烙铁尖应同时接触焊盘和元器件引线，把热量传送到焊接对象上，如图 2-28b 所示。

　　送焊锡　焊盘和引线被熔化了的助焊剂所浸湿，除掉表面氧化层，焊料在焊盘和引线连接处呈锥状，形成理想的无缺陷焊点，如图 2-28c 所示。

　　去焊锡　当焊锡丝熔化一定量之后，迅速移开焊锡丝，如图 2-28d 所示。

　　完成　当焊料完全浸润焊点后，迅速移开电烙铁，如图 2-28e 所示。

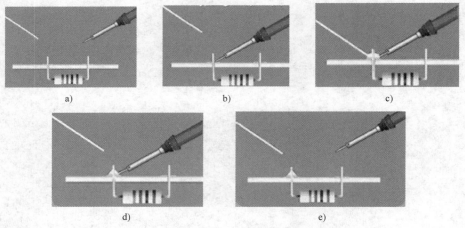

图 2-28　手工焊接的五个步骤

连线后的实物图如图 2-29 所示。

图 2-29　电路连线实物图

7）调试静态工作点。

①为提高测量的准确度，减小测量误差，测量仪器在测试放大器过程中应按图 2-30 所

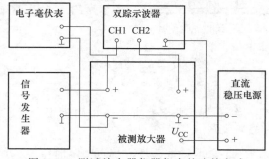

图 2-30　测试放大器仪器仪表的连接方式

示进行连接，特别注意各地线的连接方式。

② 检查电路无误后，接上 12V 直流电源，调节 RP 的限值使 $I_C = 1\text{mA}$，测量 V_C、V_E 和 V_B 值记录入表 2-4 中。并计算 U_{BE}、U_{CE} 和 I_E。

表 2-4　实训数据记录表

调试要求	实 测 值			计 算 值		
	V_C/V	V_B/V	V_E/V	U_{BE}/V	U_{CE}/V	I_E/mA
$I_C = 1\text{mA}$						

③ 按最大不失真输出为依据调试。接入负载 R_L（5.1kΩ），用低频信号发生器在输入端加入 1kHz 正弦信号 u_i，用示波器观察输出波形，改变输入信号 u_i 幅度大小，调节 RP 的阻值使 u_o 达到最大不失真为止。在表中记录此时用电子电压表测得的输出电压 u_o 的有效值。计算电压放大倍数。

8）观察波形。观察静态工作点与输出波形关系。在最大不失真输出的基础上保持 u_i 不变，将 RP 的阻值调大或调小，用示波器分别观察波形变化，当 RP 的阻值调大或调小到一定数值，将出现失真，判断它们分别属于什么失真？

【分析与思考】

1）怎样测试 I_C 与 U_{CE}？有几种方法可以采用？

2）静态工作点过高或过低将分别出现什么失真？

【撰写实训报告】

实训报告内容包括晶体管测试数据记录、电路安装和调试记录数据分析等。

【实训考核评分标准】

实训考核评分标准见表 2-5。

表 2-5　实训考核评分标准

序号	项　目	分值	评分标准
1	晶体管的识别与测试	20	1. 会正确使用万用表测量晶体管的 3 个电极之间的电阻,正确判别 3 个电极,得 10 分 2. 能正确判别管子质量好坏,得 10 分 3. 不能正确判别 3 个电极,不能判别管子质量好坏,酌情扣分
2	分压式偏置放大器电路安装	30	1. 会正确使用万用表检查元件,得 15 分 2. 会正确安装电路,得 15 分 3. 不能正确使用万用表检查元件,安装电路不正确,扣 30 分。部分正确,酌情给分
3	分压式偏置放大器电路调试	20	1. 能正确使用万用表和电子电压表测试数据,得 10 分 2. 能正确使用示波器测试波形,得 10 分 3. 不能正确使用万用表、电子电压表和示波器测试数据和波形,适当扣分
4	安全文明操作	10	1. 工作台面整洁,工具摆放整齐,得 5 分 2. 严格遵守安全文明操作规程,得 5 分 3. 工作台面不整洁,违反安全文明操作规程,酌情扣分
5	实训报告	20	1. 实训报告内容完整、正确,质量较高,得 20 分 2. 内容不完整,书写不工整,适当扣分

阅读材料

SMT（表面组装技术）简介

随着电子技术的发展，电子产品体积越来越小，同时要求性能更好，可靠性更高。表面组装技术（SMT）可以达到以上要求，并成为目前电子制造行业最流行的一种技术和工艺。

【SMT 特点】

1）由于电子产品体积小、重量轻、组装密度高，贴片元件的体积和重量只有传统插装元件的 1/10 左右，采用 SMT 之后，可使电子产品体积缩小 40%~60%，重量减轻 60%~80%。

2）可靠性高、抗振能力强。焊点缺陷率低。

3）高频特性好。减少了电磁和射频干扰。

4）易于实现自动化，提高生产效率。降低成本达 30%~50%。节省材料、能源、设备、人力、时间等。

【SMT 安装焊接工艺】

（1）印焊膏　印焊膏工序是由丝印机完成的，它的任务是在印制电路板上需要贴装电子元器件的位置上涂印适量的膏状铅锡焊料。

（2）贴片　SMT 贴片机根据印制电路板的设计文件编程后工作，它通过控制机械手把印制电路板各部分所需要的元器件精确地贴装在正确的位置上。

（3）再流焊　贴装好元器件的印制电路板，一般采用再流焊设备进行焊接。

（4）清洗　经过焊接之后的电路板要用乙醇、去离子水或其他有机溶剂进行清洗，但存在安全防火、能源消耗和污染排放问题，现在已有很多厂家采用免清洗助焊剂进行焊接。

（5）测试与返修　利用在线自动检测装置的控制系统通过顶针向电路各部分注入电信号，从相应的输出判断电压、电流、频率或逻辑是否正确，经测试合格的印制电路板才被允许进入下一道工序，不合格的要进行返修。

*2.7　共集电极和共基极放大电路

 话题引入

由晶体管组成的放大电路有一个输入回路，一个输出回路，每一个回路需要接两根引脚，而晶体管只有三个引脚，这样必有一根引脚被输入和输出回路所共用，因此，就有共发射极电路、共集电极电路和共基极电路三种类型。

对三种类型有效的判断方法是：晶体管有一根引脚被共用，放大器的地线是电路中的共用参考点，所以晶体管的一根引脚应该交流接地（注意不是直流接地），交流接地的哪根引脚是共用的，由此可判断属于什么类型的放大器。

2.7.1　共集电极放大电路

共集电极放大电路如图 2-31a 所示，直流通路如图 2-31b 所示。它是从基极输入信号，从发射极输出信号，从它的交流通路图 2-31c 可看出，输入、输出共用集电极，故称为共集电极放大电路。

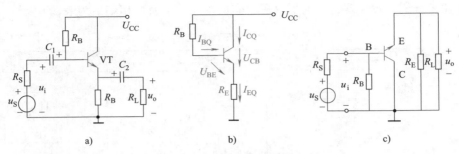

图 2-31 共集电极放大电路

a）共集电极放大电路 b）直流通路 c）交流通路

由于共集电极放大电路的输出端取自晶体管的发射极，所以共集电极放大电路又称为射极输出器。

【共集电极放大电路的特点】

1）电压放大倍数小于 1，但约等于 1（即电压跟随），但仍有电流放大作用。

2）输入电阻较高。

3）输出电阻较低。

【射极输出器的用途】 射极输出器具有较高的输入电阻和较低的输出电阻，这是射极输出器最突出的优点。射极输出器常用作多级放大器的输入级或输出级，也可用于中间隔离级。用作输入级时，其高的输入电阻可以减轻信号源的负担，提高放大器的输入电压。用作输出级时，其低的输出电阻可以减小负载变化对输出电压的影响，并易于与低阻负载相匹配，向负载传送尽可能大的功率。

2.7.2 共基极放大电路

共基极放大电路如图 2-32a 所示，直流通路采用的是分压偏置式，交流信号经由发射极输入，从集电极输出。从图 2-32b 所示的交流通路可以看出，基极是输入、输出的公共端，故称为共基极放大电路。

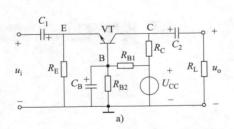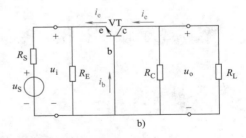

图 2-32 共基极放大电路及微变等效电路

a）共基极放大电路 b）交流通路

2.7.3 三种组态放大电路的特性比较

在放大电路中，晶体管的三种接法，演绎出放大器的三种组态：即共发射极放大电路、共基极放大电路和共集电极放大电路。

不论哪种组态，在设计偏置电路时都必须保证发射结正偏，集电结反偏，才能使晶体管处于放大状态。

为了便于分析比较，现将放大器三种组态的主要特点及应用归纳为表2-6。

表 2-6　放大器三种组态的比较

	共发射极电路	共集电极电路	共基极电路
电路形式			
静态工作点	$I_{BQ} = \dfrac{U_{CC} - U_{BEQ}}{R_B}$ $I_{CQ} = \beta I_{BQ}$ $U_{CEQ} = U_{CC} - I_{CQ}R_C$	$I_{BQ} \approx \dfrac{U_{CC}}{R_B + (1+\beta)R_E}$ $I_{CQ} = \beta I_{BQ}$ $U_{CEQ} = U_{CC} - I_{CQ}R_E$	$U_{BQ} = \dfrac{R_{B2}}{R_{B1}+R_{B2}}U_{CC}$ $I_{CQ} \approx I_{EQ} \approx \dfrac{U_{BQ}}{R_E}$ $I_{BQ} = \dfrac{I_{CQ}}{\beta}$ $U_{CEQ} = U_{CC} - I_{CQ}(R_C + R_E)$
A_u 大小	高	低，略小于1	高
A_u 相位	u_o 与 u_i 反相	u_o 与 u_i 同相	u_o 与 u_i 同相
r_i	中	高	低
r_o	高	小	高
高频特性	差	较好	好
稳定性	较差	较好	较好
用途	多级电路输入级、中间级	多级电路输入级、输出级、缓冲级	高频或宽频带放大电路、恒流源电路

2.8　多级放大电路

话题引入

单级放大电路的放大倍数一般只有几十倍，在实际应用中，经常需要把一个微弱的输入信号放大几千倍，甚至几万倍，这就需要把几个单级放大电路连接起来，构成多级放大电路。

2.8.1　多级放大电路的耦合方式

多级放大电路的级与级之间通过耦合相连接。耦合的方式通常有阻容耦合、直接耦合和变压器耦合三种。

【阻容耦合放大电路】　通过电容和电阻将信号由前一级传到下一级的方式称为阻容耦

合。图 2-33 所示为典型的两级阻容耦合放大电路。

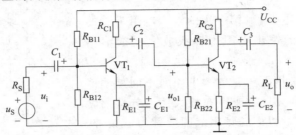

图 2-33 两级阻容耦合放大电路

由于耦合电容的隔直通交作用，各级静态工作点互不影响，可以单独调整到合适位置，且不存在零点漂移问题。但此电路不能放大变化缓慢的信号和直流分量的变化量，并且由于需要大容量的耦合电容，因此不便于集成化。

【直接耦合放大电路】 直接耦合是将多级放大电路前后级直接（或通过电阻）连接，如图 2-34 所示。此种连接没有耦合电容，结构简单，能放大变化很缓慢的信号和直流分量的变化量，信号传输效率高，便于大规模集成。其不足之处是各级静态工作点互相影响，且存在零点漂移问题。

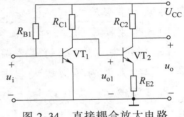

图 2-34 直接耦合放大电路

【变压器耦合放大电路】 变压器耦合是将多级放大电路前后级通过变压器连接，如图 2-35 所示。由于变压器不能传输直流信号，各级电路的静态工作点相互独立，互不影响。改变变压器的匝数比，可实现阻抗变换，因而容易获得较大的输出功率。该连接方式的缺点是变压器体积大，造价高，不便于集成。同时频率特性差，也不能传送直流和变化非常缓慢的信号。

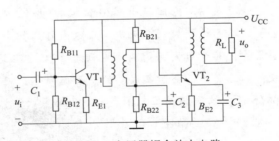

图 2-35 变压器耦合放大电路

2.8.2 多级放大电路的性能指标

【多级电压放大倍数】 设各级放大器的电压放大倍数依次为 A_{u1}，A_{u2}，$\cdots$，A_{un}，则输入信号 u_i 经第一级放大后输出电压成为 $A_{u1}u_i$，经第二级放大后输出电压成为 $A_{u2}(A_{u1}u_i)$，依次类推，经 n 级放大后输出电压成为 $A_{u1}A_{u2}\cdots A_{un}u_i$。因此，多级放大器总的电压放大倍数为各级放大器的电压放大倍数之乘积，即

$$A_u = A_{u1}A_{u2}\cdots A_{un} \tag{2-19}$$

根据对数的运算法则，若用分贝表示法，则总增益为各级增益的代数和，即

$$G_\mathrm{u} = G_\mathrm{u1} + G_\mathrm{u2} + \cdots + G_\mathrm{un} \qquad (2\text{-}20)$$

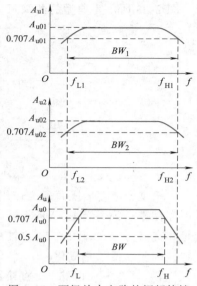

图 2-36　两级放大电路的幅频特性

【输入电阻和输出电阻】　第一级的输入电阻为总的输入电阻，最后一级的输出电阻为多级放大器的输出电阻。

【通频带】　通频带用于衡量放大电路对不同频率信号的放大能力，凡信号分量中幅度在最大信号分量幅度的 3dB（即 0.707）衰减以内的频率范围便称为通频带。多级放大电路的级数越多，低频段和高频段的放大倍数下降越快，通频带就越窄。图 2-36 所示为两级电路完全相同的单级放大器接成两级放大器后通频带变窄的示意图。可见，多级放大电路提高了电压放大倍数，但是用牺牲通频带来换取的。

【非线性失真】　因每一个单级放大器均有失真，多级放大器的失真为各级放大器失真的积累。因此，多级放大器级数越多，失真越大。

*2.9　场效应晶体管及其放大电路简介

话题引入

晶体管的放大作用是利用基极电流的微小变化去控制集电极电流的较大变化来实现的，属于电流控制型器件，它的缺点是输入电阻较小。20 世纪 60 年代初，研制出了用电场效应控制导电沟道的形成和宽窄，从而达到控制电流以实现放大作用的半导体器件——场效应晶体管，它属于电压控制型器件，其突出优点是输入电阻非常大（可达 $10^8\Omega$ 以上），通常用作多级放大电路的输入级，制造简单、易于集成，故应用越来越广泛。

2.9.1　场效应晶体管的外形、结构与符号

【场效应晶体管的外形】　场效应晶体管的外形如图 2-37 所示。

【场效应晶体管的结构】　场效应晶体管按结构可分为结型和绝缘栅型两种。如果细分，还可分为

图 2-37　场效应晶体管的外形

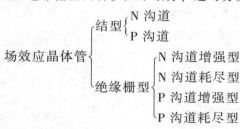

【结型场效应晶体管的结构与符号】 图 2-38a 所示为 N 沟道结型场效应晶体管的结构示意图。它是在同一块 N 型硅片的两侧分别制作掺杂浓度较高的 P 型区（用 P⁺表示），形成两个对称的 PN 结，将两个 P 区的引线连在一起作为一个电极，称为栅极 G；在 N 型硅片两端各引出一个电极，分别称为源极 S 和漏极 D。N 区成为导电沟道，故称为 N 沟道结型场效应晶体管。如果导电沟道是 P 型半导体。称为 P 沟道结型场效应晶体管，N 沟道和 P 沟道结型场效应晶体管的电路符号分别如图 2-38b 和图 2-38c 所示。图中箭头方向表示栅源间 PN 结正向偏置时栅极电流的实际流动方向。

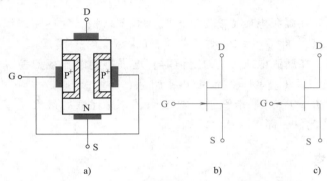

图 2-38 结型场效应晶体管的结构与符号

a）N 沟道结构 b）N 沟道符号 c）P 沟道符号

【绝缘栅型场效应晶体管的结构与符号】 图 2-39a 所示为 N 沟道增强型绝缘栅场效应晶体管的结构示意图。它是在一块 P 型硅片衬底上，扩散两个高浓度掺杂的 N⁺区，然后在 P 型硅片表面制作一层很薄的二氧化硅（SiO_2）绝缘层，并在二氧化硅的表面和两个 N 型区表面分别引出三个电极，称为栅极 G、源极 S 和漏极 D。电路符号如图 2-39b 和 2-39c 所示。

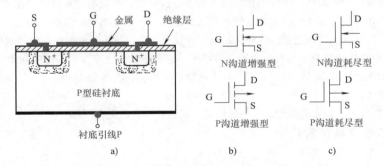

图 2-39 绝缘栅型场效应晶体管的结构与符号

a）N 沟道结构示意图 b）增强型符号 c）耗尽型符号

可以看出，不论结型场效应晶体管还是绝缘栅场效应晶体管，它们都有三个电极：栅极 G、源极 S 和漏极 D。分别相当于晶体管的基极 b、发射极 e 和集电极 c。

2.9.2 工作原理

场效应晶体管的工作原理是利用栅源电压 u_{GS} 的大小来控制导电沟道的通断或漏源电流 i_D 的大小。

2.9.3 主要参数

【跨导 g_m】 U_{DS} 为定值时，漏极电流变化量 ΔI_D 与引起这个变化的栅源电压变化量 ΔU_{GS} 之比，定义为跨导，即

$$g_m = \frac{\Delta I_D}{\Delta U_{GS}} \qquad (2\text{-}21)$$

该参数是表示栅源电压 U_{GS} 对漏极电流 I_D 控制能力的重要参数，相当于晶体管的电流放大倍数 β。

【夹断电压 U_P】 在漏源电压 U_{DS} 为定值时，对于结型、耗尽型绝缘栅场效应晶体管的 I_D 小到近于零的 U_{GS} 值，即 $U_{GS} \leqslant U_P$ 时，截止；$U_{GS} > U_P$ 时，导通。

【开启电压 U_T】 在漏源电压 U_{DS} 为定值时，增强型绝缘栅场效应晶体管开始导通（I_D 达某一值）的 U_{GS} 值，即 $U_{GS} \leqslant U_T$ 时，截止；$U_{GS} > U_T$ 时，导通。

【最大漏极耗散功率 P_{DM}】 指管子正常工作时允许耗散的最大功率。漏极电压与漏极电流的乘积不应超过此值，即 $P_D < P_{DM}$。

 阅读材料

场效应晶体管使用注意事项

1）场效应晶体管的漏极和源极在结构上是对称的，可以互换使用。而晶体管的集电极和发射极不能互换使用。从这一点上说，场效应晶体管使用时更简单灵活。

2）结型场效应晶体管的栅压不能接反，但可在开路状态下保存。而绝缘栅型场效应晶体管的栅极和衬底之间相当于以二氧化硅为绝缘介质的一个小电容（从结构图上可以看出），一旦有带电体靠近栅极时，感应电荷可能会将管子击穿损坏。因此保存时应将三个电极短接；焊接时，电烙铁必须有外接地线，以防止电烙铁漏电而损坏管子。可在焊接时将电烙铁的插头拔下，利用电烙铁的余热焊接更为安全。操作人员双手接触绝缘栅型场效应晶体管之前，应先接触地，释放静电，以防止静电损坏此类场效应晶体管。

3）结型场效应晶体管可用万用表检测管子的好坏。绝缘栅场效应晶体管不能随意用万用表进行检测，要用测试电路或测试仪器检测，并且要在管子接入电路后才可去掉各电极间的短接线，取下时应先将各电极的短接线接好才能取下。

4）如用 4 根引线的场效应晶体管，其衬底引线应接地或接直流电源正极。

2.9.4 各种场效应晶体管比较

各类场效应晶体管的符号、特性见表 2-7。

表 2-7　各类场效应晶体管

结构种类	工作	符号	电压极性		转移特性 $I_D = f(U_{GS})$	输出特性 $I_D = f(U_{DS})$
			U_P 或 U_T	U_{DS}		
绝缘栅型（MOSFET）N 型沟道	耗尽型		−	+		

（续）

结构种类	工作	符号	电压极性		转移特性 $I_D=f(U_{GS})$	输出特性 $I_D=f(U_{DS})$
			U_P或U_T	U_{DS}		
绝缘栅型（MOSFET）N型沟道	增强型	G—D P S	+	+	U_T 曲线	$U_{GS}=5V$，4V，3V
绝缘栅型（MOSFET）P型沟道	耗尽型	G—D P S	+	−	曲线 U_P	4V，$U_{GS}=0V$，1V，2V
	增强型	G—D P S	−	−	U_T 曲线	$U_{GS}=6V$，−6V，−4V
结型（JFET）P型沟道	耗尽型	G—D S	+	−	曲线 U_P	0V，$U_{GS}=1V$，2V，3V
结型（JFET）N型沟道	耗尽型	G—D S	−	+	U_P 曲线	0V，$U_{GS}=-1V$，−2V，−3V

2.9.5 场效应晶体管放大电路

与晶体管放大电路的组态对应，场效应晶体管放大电路也有三种组态，即共源、共栅和共漏三种组态的放大电路。图 2-40 所示为共源场效应晶体管放大电路。

现对该放大器电路说明以下几点：

1）从图 2-40 可以看出，将晶体管分压式偏置共射极放大电路中的晶体管移去，改用场效应晶体管，将三个电极对应接上去就得到场效应晶体管放大电路，即场效应晶体管放大电路与晶体管放大电路是相似的。

2）场效应晶体管偏置电路只要偏压，不要偏流，这与晶体管不同。

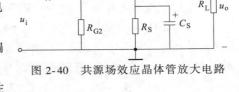

图 2-40 共源场效应晶体管放大电路

3）不同类型的场效应晶体管对偏置电源极性有不同的要求。表 2-7 中已列出了各种类型场效应晶体管的偏置电压 U_{GS} 和 U_{DS} 的极性。

4）图 2-40 所示放大电路的电压放大倍数为 $A_u=-g_m R_L'$，其中 $R_L'=R_L /\!/ R_D$。

小　结

1. 晶体管有三个区、两个 PN 结、三个电极。它具有电流放大作用，是电流控制型器件，即用基极电流的大小控制集电极电流的大小，$i_C = \beta i_B$，$i_E = i_C + i_B$。

2. 晶体管的输入特性类似二极管，分为死区和正向导通区；输出特性曲线族有截止区、放大区和饱和区；晶体管的主要参数有共射电流放大系数 β，穿透电流 I_{CEO}，最大集电极电流 I_{CM}，最大管耗 P_{CM}。用晶体管组成放大电路时必须满足发射结正偏，集电结反偏。

3. 放大电路可画成直流通路和交流通路。计算静态工作点用直流通路，计算放大倍数用交流通路。

4. 分压式偏置电路是基本放大电路的改进，它可稳定工作点，应用广泛。

5. 多级放大电路有三种耦合方式。它的电压放大倍数为各单级放大电路电压放大倍数之积；用分贝表示时，则为各级电压增益之和，它的通频带比单级通频带要窄。

6. 放大器有三种组态，各自的特点见表 2-6。

7. 用场效应晶体管组成的放大电路在结构上与晶体管放大电路相似。

习　题

2-1　填空题

1）晶体管具有两个 PN 结分别是_____、_____。晶体管的三个区分别是_____、_____、_____。

2）晶体管与二极管的本质区别是晶体管具有_____能力。

3）晶体管组成放大电路时，共有三种连接方式：_____、_____和_____。

4）场效应晶体管的三个电极分别是_____、_____和_____。

5）多级放大电路的级与级之间通过耦合相连接。耦合的方式通常有_____、_____和_____。

2-2　选择题

1）当晶体管工作在放大区时，（　　）。

A. 发射结和集电结均反偏　　　B. 发射结正偏，集电结反偏

C. 发射结和集电结均正偏

2）当超过下列哪个参数时，晶体管一定被击穿（　　）。

A. 集电极最大允许功耗 P_{CM}　　　　B. 集电极最大允许电流 I_{CM}

C. 集-基极反向击穿电压 $U_{(BR)CBO}$

3）射级跟随器适合作多级放大电路的输出级，是因为它的（　　）。

A. 电压放大倍数近似为 1　　B. r_i 很大　　　C. r_o 很小

4）有一晶体管的极限参数：$P_{CM} = 150\text{mW}$，$I_{CM} = 100\text{mA}$，$U_{(BR)CEO} = 30\text{V}$。若它的工作电压 $U_{CE} = 10\text{V}$，则工作电流 I_C 不得超过（　　）mA；若工作电压 $U_{CE=} = 1\text{V}$，则工作电流 I_C 不得超过（　　）mA；若工作电流 $I_C = 1\text{mA}$，则工作电压 U_{CE} 不得超过（　　）V。

A. 15　　　　B. 100　　　　C. 30　　　　D. 150

5）用直流电压表测得放大电路中的晶体管的三个电极电位分别是 $U_1 = 2.8\text{V}$，$U_2 = 2.1\text{V}$，$U_3 = 7\text{V}$，那么此晶体管是（　　）型晶体管，$U_1 = 2.8\text{V}$ 的那个极是（　　），$U_2 = $

2.1V 的那个极是（　　　），$U_3 = 7V$ 的那个极是（　　　）。

  A. NPN   B. PNP   C. 发射极   D. 基极   E. 集电极

6）在固定式偏置电路中，若偏置电阻 R_B 的值增大了，则静态工作点 Q 将（　　　）。

  A. 上移   B. 下移   C. 不动   D. 上下来回移动

2-3　判断题

1）只有电路既放大电流又放大电压，才称其有放大作用。（　　　）

2）可以说任何放大电路都有功率放大作用。（　　　）

3）电路中各电量的交流成分是交流信号源提供的。（　　　）

4）放大电路必须加上合适的直流电源才能正常工作。（　　　）

2-4　基本放大电路由哪些元器件组成？各有什么作用？

2-5　在放大电路中，为什么要设置合适的静态工作点？

2-6　什么是放大器的交流通路和直流通路？两者画法的依据各是什么？

2-7　为什么说晶体管放大作用的本质是电流控制作用？说明晶体管的电流分配关系。

2-8　画出具有稳定工作点的放大电路图，说明能够稳定工作点的原因。

2-9　试判断题 2-41 图所示的 4 个电路能否放大交流信号，为什么？

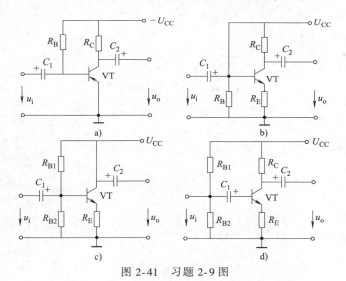

图 2-41　习题 2-9 图

2-10　画出图 2-42 所示各放大电路的直流通路和交流通路。

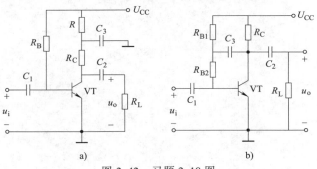

图 2-42　习题 2-10 图

2-11　单电源供电的共射基本放大电路，若 $U_{CC} = 12$ V，$R_C = 4\text{k}\Omega$，$R_B = 300\text{k}\Omega$，$\beta = 37.5$。用估算法计算静态工作点。

2-12　图 2-43 所示为分压偏置电流负反馈放大电路，已知 $\beta = 66$，$U_{CC} = 24$ V，$R_C = 3.3\text{k}\Omega$，$R_{B1} = 33\text{k}\Omega$，$R_{B2} = 10\text{k}\Omega$，$R_E = 1.5\text{k}\Omega$，$R_L = 5.1\text{k}\Omega$。求该电路的静态工作点。

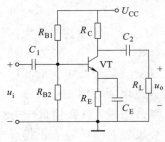

图 2-43　习题 2-12 图

第3章 常用放大器

 本章导读

知识目标

1. 掌握集成运放的符号及元器件的引脚功能，了解集成运放的电路性能指标及在信号运算方面的应用。
2. 理解反馈的概念，了解负反馈应用于放大器中的类型。
3. 了解低频功率放大电路的基本要求和分类。
4. 了解功放器件的安全使用知识。

技能目标

1. 会利用网络搜索查找集成运放和音频功放的主要参数。
2. 会安装和使用集成运放组成的应用电路。
3. 会安装和调试音频功放电路。
4. 会熟练使用示波器和低频信号发生器。

3.1 负反馈放大电路

 话题引入

在实际应用中，为了能使放大电路稳定工作，往往引入负反馈，引入负反馈虽然削弱了净输入信号，降低了放大倍数，但它却以此为代价换取了性能指标的改善，负反馈广泛地应用在放大电路中。

3.1.1 反馈的基本概念

【反馈定义】 把输出的某个物理量的一部分或全部用一定的方法反送回输入端的过程称为反馈。放大电路中的反馈就是将放大电路的输出量（电压或电流）的一部分或全部引回到输入端并与输入信号相叠加的过程。

【反馈电路构成】 在基本放大电路中，为了把放大电路的输出信号返送回输入端，可以通过外接元件组成的反馈网络，如图 3-1 所示。反馈信号与原输入信号叠加后，重新进入放大电路放大。这就是说，只要有元件将放大器的输入回路与输出回路联系起来，输出信号就可以通过这些元件影响输入信号，这种放大器就是反馈放大器，这些元件称为反馈元件。

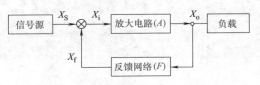

图 3-1 反馈放大电路框图

图 3-1 中 X_S 是来自信号源的输入信号，X_o 和 X_f 分别是输出信号和反馈信号。当反馈信号 X_f 的相位与输入信号 X_S 的相位相反时，叠加所形成的净输入信号减小，即反馈信号削弱了原输入信号，该反馈是负反馈，放大电路就是负反馈放大电路。

3.1.2 反馈的分类

对于含有反馈环节的放大电路，可以按不同的方法进行分类。

【按反馈极性分类】 根据反馈信号的极性，可以将反馈分为正反馈和负反馈。若反馈信号的极性与原输入信号的极性相反，使放大电路的净输入信号减弱，称为负反馈；反之，若反馈信号的极性与原输入信号相同，使放大电路的净输入信号增强，称为正反馈。

【按反馈信号的交、直流成分分类】 如果从输出端反馈回的信号是直流电压（或电流），这样的反馈称为直流反馈；如果从输出端反馈回的信号是交流电压（或电流），这样的反馈称为交流反馈。

【按输出端取样对象分类】 如果反馈支路在输出端的取样信号是电压，称为电压反馈；如果取样信号是电流，称为电流反馈。很明显，如果反馈支路并联接在放大电路的输出端，如图 3-2 所示，此时输出电压 u_o 成为取样信号，是电压反馈；当反馈支路串联接在输出回路中，如图 3-3 所示，反馈信号 i_f 与输出电流 i_o 有关，即输出电流成为取样信号，此时是电流反馈。

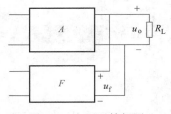

图 3-2 电压反馈框图

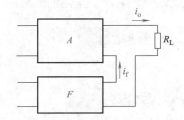

图 3-3 电流反馈框图

【按输入端连接方式分类】 如果反馈网络与输入端并联，如图 3-4 所示，称为并联反馈；如果反馈网络串联在输入回路中，如图 3-5 所示，称为串联反馈。

3.1.3 负反馈放大电路的 4 种组态

根据输出端取样对象和输入端连接方式的不同，负反馈放大电路可分为 4 种组态：电压串联负反馈、电流串联负反馈、电压并联负反馈、电流并联负反馈。

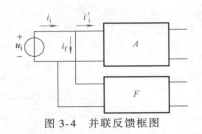

图 3-4 并联反馈框图

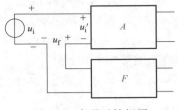

图 3-5 串联反馈框图

3.2 集成运算放大器

 话题引入

运算放大器（常简称为"运放"）是具有很高放大倍数的电路单元。在实际电路中，通常结合反馈网络共同组成某种功能模块。由于早期应用于模拟计算机中，用以实现数学运算，故得名"运算放大器"，此名称一直延续至今。运放是一个从功能的角度命名的电路单元，可以由分立的元器件实现，也可以实现在半导体芯片当中。随着半导体技术的发展，如今的运放都是以集成单片的形式存在，广泛应用于几乎所有的行业当中。

3.2.1 集成运放电路的组成

集成运放的电路结构大同小异，一般都是由输入级、中间级、输出级和偏置电路4部分组成，如图3-6所示。

【输入级】 集成运放的输入级均采用带恒流源的差分放大电路，如图3-7所示。电路中的差分对管 VT_1、VT_2 特性一致，也可使用复合管、共集-共射组合管或场效应晶体管，它的两个输入端构成整个电路的同相输入端和反相输入端。I_S 为输入级的恒流源。该级能有效地抑制零漂，且有较高的输入阻抗，并具有一定的电压增益。输入级是接收微弱电信号、抑制零漂的关键一级，它决定整个电路性能指标的优劣，这就要求它具有尽可能高的输入阻抗和共模抑制比。

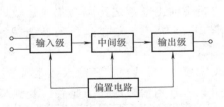

图 3-6 集成运放的组成框图

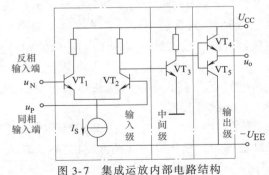

图 3-7 集成运放内部电路结构

【中间级】 中间级主要进行信号放大，要求其电压放大倍数高，一般由有源负载的共发射极放大电路构成。

【输出级】 输出级与负载相接，要求其输出电阻低，带负载能力强，一般采用互补对称输出级电路，如图3-7所示的集成运放内部电路中的 VT_4、VT_5 管。

【偏置电路】 偏置电路的作用是为上述各级电路提供合适的静态工作点。

图3-8所示为集成运放 μA741 的外形和引脚排列。

3.2.2 集成运放的性能指标

集成运放品种繁多，性能各异，具有多种产品系列。其中有通用型集成运放，也有特殊功能的集成运放。例如，高精度（低漂移）集成运放、低功耗集成运放、高速集成运放、高压集成运放、高输入阻抗集成运放等，集成运放主要包括以下性能指标：

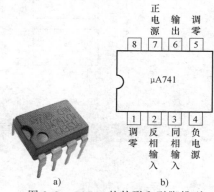

图 3-8 μA741 的外形和引脚排列
a）外形 b）引脚排列

【开环差模电压放大倍数 A_{od}】 未引入反馈时的集成运放差模电压放大倍数称为开环差模放大倍数，记作 A_{od}，它等于开环状态下输出电压与输入差模电压之比，即 $A_{od}=u_o/(u_{I-}-u_{I+})$，或用分贝表示为 $20\lg|A_{od}|$ dB。目前，集成运放的 A_{od} 可高达 10^8 倍（160dB）。

【最大差模输入电压 U_{idmax}】 最大差模输入电压 U_{idmax} 是指集成运放的反相和同相输入端所能承受的最大电压值。超过这个电压值，运放输入级某一侧的晶体管将出现发射结的反向击穿，而使运放的性能显著恶化，甚至可能造成永久性损坏。利用平面工艺制成的 NPN 型管约为±5V，而横向晶体管可达±30V 以上。

【最大共模输入电压 U_{icmax}】 这是指运放所能承受的最大共模输入电压。超过 U_{icmax} 值，它的共模抑制比将显著下降。一般指运放在作电压跟随器时，使输出电压产生 1% 跟随误差的共模输入电压幅值，高质量的运放可达±13V。

【最大输出电流 I_{omax}】 是指运放所能输出的正向或负向的峰值电流。通常给出输出端短路的电流。

【最大输出电压 U_{opp}】 放大器在空载情况下集成运放最大不失真输出电压的峰-峰值。

【差模输入电阻 R_{id}】 开环情况下差模输入电压与输入电流之比称为集成运放的差模输入电阻 R_{id}，它反映集成运放对信号源的影响程度。R_{id} 越大，集成运放的性能越好。一般为兆欧数量级，目前最高可达 $10^{12}\Omega$（$10^6 M\Omega$）。

【开环输出电阻 R_o】 开环情况下，输出电压与短路输出电流之比称为集成运放的开环输出电阻 R_o。其大小反映集成运放带负载能力的强弱。R_o 越小，集成运放的性能越好。一般为几十欧至几百欧。

【共模抑制比 K_{CMR}】 开环情况下差模电压放大倍数 A_{od} 与共模电压放大倍数 A_{oc} 之比的绝对值称为集成运放的共模抑制比。K_{CMR} 越大，表明分辨有用信号的能力越强，受共模干扰及零漂的影响越小，性能越优良，高质量的集成运放 K_{CMR} 一般为 70~80dB。

【输入失调电压 U_{IO}】 一个理想的集成运放，当输入电压为零时，输出电压也应为零（不加调零装置）。但实际上它的差分输入级很难做到完全对称，通常在输入电压为零时存在一定的输出电压。在室温（25℃）及标准电源电压下，输入电压为零时，为了使集成运放的输出电压为零，在输入端加的补偿电压称为失调电压 U_{IO}。实际上是指输入电压 $U_I = 0$ 时，输出电压 U_o 折合到输入端的电压的负值。U_{IO} 的大小反映了运放电路的对称程度和电位配合情况。U_{IO} 值越大，说明电路的对称程度越差，一般为 $\pm(1 \sim 10)\,\mathrm{mV}$。

【输入偏置电流 I_{IB}】 集成运放的两个输入端是差分对管的基极，因此两个输入端总需要一定的输入电流 I_{BN} 和 I_{BP}。输入偏置电流是指集成运放输出电压为零时两个输入端静态电流的平均值，输入偏置电流的大小，在电路外接电阻确定之后，主要取决于运放差分输入级晶体管的性能，当它的 β 值过小时，将引起偏置电流的增加。从使用角度来看，偏置电流越小，由信号源内阻变化引起的输出电压变化也越小，因此它是集成运放重要的技术指标，一般为 $10\mathrm{nA} \sim 1\mu\mathrm{A}$。

【输入失调电流 I_{IO}】 在集成运放电路中，输入失调电流 I_{IO} 是指当输出电压为零时流入放大器两输入端的静态基极电流之差，由于信号源内阻的存在，I_{IO} 会引入输入电压，破坏放大器的平衡，使放大器输出电压不为零。所以，希望 I_{IO} 越小越好，它反映了输入级差分对管的不对称程度，一般为 $1\mathrm{nA} \sim 0.1\mu\mathrm{A}$。

 阅 读 材 料

运算放大器发展史

第一个使用真空管设计的放大器大约在 1930 年前后完成，这个放大器可以执行加与减的工作。

运算放大器最早被设计出来的目的是将电压类比成数字，用来进行加减乘除的运算，同时也成为实现模拟计算机的基本建构方块。然而，理想运算放大器在电路系统设计上的用途却远超过加减乘除的计算。今日的运算放大器，无论是使用晶体管或真空管、分立式元器件或集成电路，其效能都已经逐渐接近理想运算放大器的要求。早期的运算放大器是使用真空管设计，现在则多半是集成电路式的器件。但是如果系统对于放大器的需求超出集成电路放大器的需求时，常常会利用分立式元器件来实现这些特殊规格的运算放大器。

1960 年代晚期，仙童半导体推出了第一个被广泛使用的集成电路运算放大器，型号为 μA709，设计者则是鲍伯·韦勒。但是 μA709 很快地被随后而来的新产品 μA741 取代，μA741 有着更好的性能，更为稳定，也更容易使用。很多集成电路的制造商至今仍然在生产 μA741。

3.2.3 集成运放的电压传输特性

【集成运放的符号】 运算放大器的符号如图 3-9 所示，反相输入端用 "−" 号表示，同相输入端用 "+" 号表示。

图 3-9 运算放大器的符号

当 $u_N = 0$，输入信号电压 u_P 从同相输入端输入，且瞬时变化极性为 "+"，则输出信号电压 u_o 与 u_P 同相。同理，当 $u_P = 0$，输入信号电压 u_N 从反相输入端输入，且瞬时变化极性为 "+"，则输出信号电压 u_o 瞬时变化极性为 "−"，与 u_N 反相。

【电压的传输特性】 所谓电压传输特性，即指输出电压 u_o 与输入电压 $u_P - u_N$ 之间的关系曲线，如图 3-10 所示。

由图 3-10 我们可以看出，电压传输特性曲线明显地分为两个区域，线性放大区和饱和区，斜线反映了线性放大区输入与输出之间的关系。斜率为电压放大倍数，即输出与输入幅值（或有效值）之比，两端水平线是饱和区，表明输出电压 u_o 不随输入 $u_P - u_N$ 而变，而是

恒定值 u_{oM}（或$-u_{oM}$）。由特性曲线还看出线性区非常窄，这是因为差模开环放大倍数 A_{od} 非常高，可达几十万倍以上，很小的信号就足以使输出电压饱和。另外，干扰信号也会使输出难以稳定。要使运放稳定工作在线性区，通常引入深度负反馈。

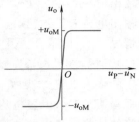

图 3-10　电压传输特性曲线

【集成运放的理想特性】　在分析和应用集成运放时，为了简化分析，通常把集成运放看成理想器件。集成运放的理想特性如下：

1）开环差模电压放大倍数 A_{od} 为无穷大，即 $A_{od} \to \infty$。

2）差模输入电阻 R_{id} 为无穷大，即 $R_{id} \to \infty$。

3）开环输出电阻 R_o 为零，即 $R_o \to 0$。

4）共模抑制比为无穷大，即 $K_{CMR} \to \infty$。

5）开环通频带无限宽，即 $f_{BW} \to \infty$。

实际集成运放与上述理想特性存在或多或少的差距。随着电子科技水平的不断提高，有望与理想特性接近。

根据上述理想特性，当集成运放工作时，由于开环增益 $A_{od} \to \infty$，而输出电压 u_o 却为有限值，所以差模输入电压 $u_P - u_N$ 必趋于零，即

$$u_P - u_N = u_o / A_{od} = 0$$

即 $$u_P - u_N = 0 \tag{3-1}$$

同样，由于差模输入电阻 $R_{id} \to \infty$，且差模输入电压 $u_P - u_N$ 为有限值，所以两输入电流 i_- 和 i_+ 都趋于零，即

$$i_- = i_+ = (u_P - u_N)/R_{id} = 0$$

即 $$i_- = i_+ = 0 \tag{3-2}$$

根据式（3-1），理想运放两输入端电位相等，好似短接，但不是实际的短接，称为"虚短"。根据式（3-2）理想运放两输入端无电流（等于零），好似断开，但不是实际的断开，称为"虚断"。

注意！

　　"虚短"和"虚断"是集成运放特有的极限状态或理想特性，灵活运用"虚短"和"虚断"特性，可使集成运放的应用分析大为简化。

3.3　运算放大器在信号运算方面的应用

　话题引入

　　给运算放大器配以适当的输入网络和反馈网络，便可以实现信号的比例、加法、减法、

乘法、除法、积分、微分等运算，故名"运算放大器"。

3.3.1　比例运算电路

【反相比例运算电路】　电路如图 3-11 所示，输入电压 u_i 通过 R_1 接到反相输入端，同相输入端接地，输出电压 u_o 又通过反馈电阻 R_f 反馈到反相输入端，构成电压并联负反馈放大电路。

根据运放的理想特性，$R_i \to \infty$，$|A_{od}| \to \infty$，而 u_o 又是有限值，则

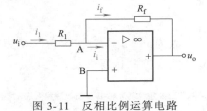

图 3-11　反相比例运算电路

$$i_i \approx 0, u_A = u_o / A_{od} \approx 0$$

所以

$$i_1 = i_f$$

故反相输入比例运放的闭环放大倍数为

$$A_{uf} = \frac{u_o}{u_i} = \frac{-R_f i_f}{R_1 i_1} = -\frac{R_f}{R_1} \qquad (3-3)$$

输出电压为

$$u_o = -\frac{R_f}{R_1} u_i \qquad (3-4)$$

结论： 反相输入比例运算电路的闭环放大倍数 A_{uf} 只取决于 R_f 与 R_1 之比，与开环放大倍数 A_{od} 无关，输出电压与输入电压成反相比例关系。负号表示输出电压与输入电压极性相反。

由于 $u_A \approx 0$，通常把 A 端称为"虚地"。由于存在"虚地"，因此它的共模输入电压为零，即它对集成运放的共模抑制比要求低。

【同相比例运算电路】　电路如图 3-12 所示，输入信号 u_i 加在同相输入端，而输出电压 u_o 通过电阻 R_f 反馈到反相输入端 A 处。构成电压串联负反馈放大电路。

根据运放的理想特性，$R_i \to \infty$，$|A_{od}| \to \infty$，而 u_o 又是有限值，则

图 3-12　同相比例运算电路

$$u_B - u_A = \frac{u_o}{A_{ud}} \approx 0, i_i \approx 0$$

因此，输入电压为

$$u_i = u_B = u_A$$

其中，$u_A = \frac{R_1}{R_1 + R_f} u_o$

故同相输入比例运放的闭环放大倍数为

$$A_{uf} = \frac{u_o}{u_i} = \frac{u_o}{u_A} = \frac{R_1 + R_f}{R_1} = 1 + \frac{R_f}{R_1}$$

输出电压

$$u_o = \left(1 + \frac{R_f}{R_1}\right) u_i \qquad (3-5)$$

结论: 同相输入比例运算电路的放大倍数 A_{uf} 只取决于 R_f 与 R_1 的比值,输出电压与输入电压同相且成比例关系。

因为 $u_i = u_B = u_A$,称为"虚短",不是"虚地",电路的共模输入信号大,因此集成运放的共模抑制比要求高。

实验告诉你:

仿真实验 反相比例运算电路

/内容/ 用 Multisim 仿真软件搭建如图 3-13 所示反相比例运算电路。并将信号发生器 XFG1 设置为输出频率 50Hz、峰值 1V 的正弦波。

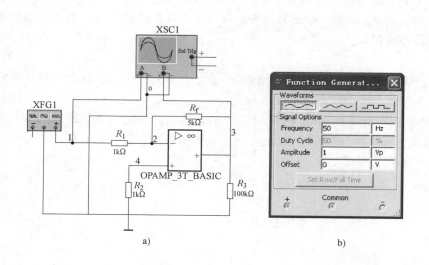

a) b)

图 3-13 反相比例运算电路及仪器设置

a) 反相比例运算电路 b) 仪器设置

/现象/ 单击仿真开关,可以看到示波器 XSC1 A 通道显示的是信号发生器 XFG1 的输出波形,为频率 50Hz、峰值 1V 的正弦波(黑色);B 通道显示的是输出到负载电阻 R_L 两端的电压波形,为频率 50Hz、峰值 5V 的正弦波(红色),其相位与输入信号相反,如图 3-14所示。

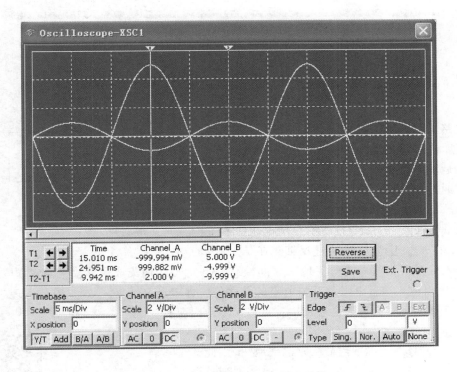

图 3-14 示波器显示的输入输出波形

/结论/ 输出电压与输入电压之间相位相反，电压放大倍数符合比例运算关系

$$u_{\mathrm{o}} = -\frac{R_{\mathrm{f}}}{R_{1}}u_{\mathrm{i}} = -\frac{5}{1} \times 1\,\mathrm{V} = -5\,\mathrm{V}$$

3.3.2 减法运算电路

图 3-15 所示为差分比例运算电路，也称为减法运算电路。

输入信号 u_{i1}、u_{i2} 通过电阻 R_1、R_2 加到输入端，反馈电压则由输出端通过反馈电阻 R_{f} 反馈到反相输入端。在同相输入端与"地"之间接有电阻 R_3，为使集成运放两输入端的输入电阻对称，通常使

$$R_1 = R_2,\ R_3 = R_{\mathrm{f}}$$

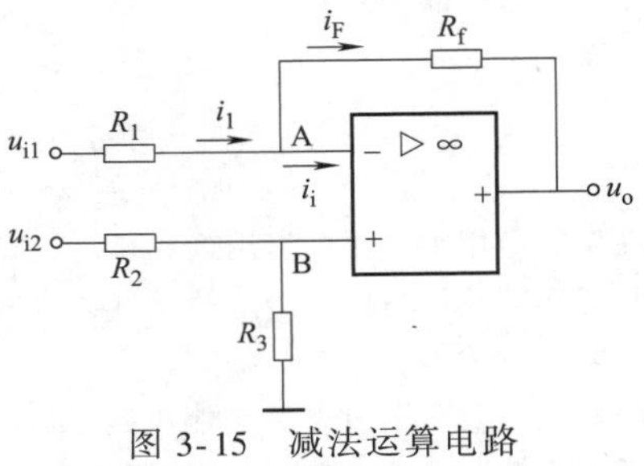

图 3-15 减法运算电路

则有 $\qquad u_{\mathrm{o}} = \frac{R_{\mathrm{f}}}{R_1}(u_{\mathrm{i2}} - u_{\mathrm{i1}})$ （3-6）

结论： 输出电压正比于两个输入电压之差

如果 $R_1 = R_f$，则

$$u_o = u_{i1} - u_{i2} \qquad (3-7)$$

故电路又称为减法器。

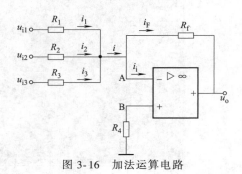

图 3-16　加法运算电路

3.3.3　加法运算电路

加法运算电路如图 3-16 所示，加法运算电路仿真可通过扫一扫二维码观看。

在运放的反相输入端加多个输入信号，见电路中的 u_{i1}、u_{i2}、u_{i3}，各相应支路的电阻分别为 R_1、R_2 和 R_3，反馈信号通过反馈电阻 R_f 加到反相输入端，同相输入端与"地"之间接有电阻 R_4。为使集成运算放大器输入电路对称，R_4 应等于反相输入端各电阻及反馈电阻的并联值，即 $R_4 = R_1 /\!/ R_2 /\!/ R_3 /\!/ R_4$，由理想运放特性可知，运算放大器的输入电流很小，近似于零，因而有

$$i_i \approx 0$$

因而 $i_F = i_1 + i_2 + i_3$。由于 A 点为"虚地"，因此

$$-\frac{u_o}{R_F} = \frac{u_{i1}}{R_1} + \frac{u_{i2}}{R_2} + \frac{u_{i3}}{R_3}$$

若取 $R_1 = R_2 = R_3 = R$，上式可写为

$$u_o = -\frac{R_f}{R}(u_{i1} + u_{i2} + u_{i3}) \qquad (3-8)$$

结论： 电路的输出电压正比于各输入电压之和。

如果 $R_f = R$，则

$$u_o = -(u_{i1} + u_{i2} + u_{i3}) \qquad (3-9)$$

 阅读材料

集成运放应用注意事项

在实际应用中，要根据用途和要求正确选择集成运放的类型和型号。器件确定后，还必须进行参数测试，掌握实际数据与厂家给定的典型数据之间的差别。在组成的集成运放电路中，要注意调零、消除振荡和输入输出保护等。

【调零】　元器件安装到印制电路板后，要对集成运放进行调零。这是因为实际运放的失调电压、失调电流都不为零。因此，当输入信号为零时，输出信号不为零。有些运放没有调零端子，需接上调零电位器进行调零，如图 3-17 所示。

【消除振荡】　集成运放内部是一个多级放大电路，而运算放大电路又引入了深度负反馈，在工作时容

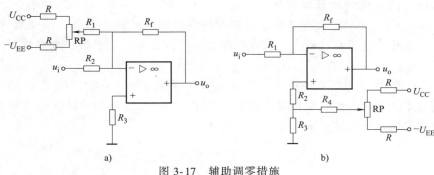

图 3-17 辅助调零措施

a）引到反相端　b）引到同相端

易产生自激振荡。大多数集成运放在内部都设置了消除振荡的补偿网络，有些运放引出了消振端子，用外接 R、C 消除自激现象。

【保护措施】 集成运放在使用时由于输入、输出电压过大，输出短路及电源极性接反等原因会造成集成运放损坏，因此需要采取保护措施。为防止输入差模或共模电压过高损坏集成运放的输入级，可在集成运放的输入端并接极性相反的两只二极管，从而使输入电压的幅度限制在二极管的正向导通电压之内，如图 3-18a 所示。

为了防止集成运放输出电压过高，可采用图 3-18b 所示的输出保护电路。当输出电压大于双向稳压管的稳压值时，稳压管被击穿，将输出电压限制在双向稳压管的稳压范围内。为了防止电源极性接反，在正、负电源回路顺接二极管。若电源极性接反，二极管截止，相当于电源断开，起到了保护作用，如图 3-18c 所示。

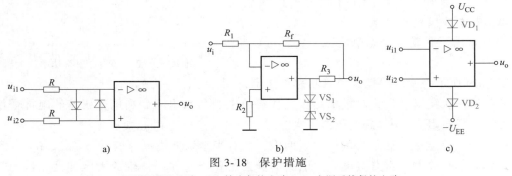

图 3-18 保护措施

a）输入保护电路　b）输出保护电路　c）电源反接保护电路

3.4　功率放大电路

 话题引入

在音响设备中，经常提到"功放"这个词，指的就是功率放大器。很多情况下主机的额定输出功率不能胜任带动整个音响系统的任务，这时就要在主机和播放设备之间加装功率放大器来补充所需的功率缺口，而功率放大器在整个音响系统中起到了"组织、协调"的枢纽作用，在某种程度上主宰着整个系统能否提供良好的音质输出。

3.4.1 对功率放大电路的基本要求

【输出功率大】 功率放大电路要能为负载提供足够大的输出功率,功率放大电路所用的元器件工作电压和电流都比较大,接近极限值。因此选择元器件时,要考虑其极限参数,注意安全。

【效率高】 功率放大电路是将电源的直流功率转换为向负载输出的交变功率。对功率放大电路的要求是效率要高。将负载获得的最大平均功率 P_o 与电源提供的功率 P_E 之比定义为功率放大电路的转换效率 η,用公式表示为

$$\eta = \frac{P_o}{P_E} \times 100\%$$ (3-10)

【非线性失真小】 功放器件的特性曲线是非线性的,在晶体管功率放大电路中,晶体管工作在大信号状态下,输入和输出信号的动态范围都很大,电压与电流可能超出特性曲线线性范围,容易产生非线性失真。因此,常采用互补对称电路和其他措施来克服非线性失真。

3.4.2 功率放大器的分类

由晶体管组成的功率放大电路可分为甲类、乙类和甲乙类。

【甲类】 在输入正弦信号的一个周期内,都有电流流过晶体管,这种工作方式通常称为甲类放大。甲类功率放大电路的静态工作点选在晶体管的放大区内交流负载线的中点,且信号的动态范围也限定在放大区,甲类工作状态非线性失真小,但静态电流大、损耗大、效率低,故在功率放大电路中很少采用,一般用于小信号的前级放大。静态电流是造成管耗的主要因素,因此,如果把静态工作点 Q 向下移动,静态电流减小,就可以减少管耗。

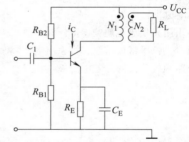

图 3-19 变压器耦合单管功率放大器

图 3-19 所示为变压器耦合单管功率放大器。图中,变压器一次绕组接在集电极电路中,代替集电极负载电阻。利用变压器的阻抗变换作用,可将负载电阻 R_L 折算到变压器一次绕组。

【乙类】 在输入正弦信号的一个周期内,只有半个周期内晶体管的电流 $i_C > 0$,这种工作方式称为乙类放大。乙类功率放大电路的静态工作点选在晶体管放大区和截止区的交界处,即交流负载线和 $I_B = 0$ 所对应的输出特性曲线的交点,信号的一半在放大区,一半在截止区。当输入信号为正弦波时,输出只有正弦波的半个周期。乙类工作状态的晶体管静态电流为零,故损耗小、效率高,但非线性失真太大。实用中必须用两只晶体管轮流工作,分别放大正弦波信号的正、负半个周期,推挽输出完整的正弦波信号。

乙类对称互补功率放大电路的组成如图 3-20 所示,VT_1 和 VT_2 分别为 NPN 型管和 PNP 型管,两管的基极及发射极分别连接在一起。信号从基极输入,从射极直接耦合输出,R_L 为负载电阻。电路可以看作是由 VT_1 和 VT_2 两个射极输出器对接组成,两个晶体管的电源极性相反,此电路称为基本互补对称功率放大电路。

图 3-20 中,当信号 u_i 处于正半周时,晶体管 VT_2 发射结反偏截止,VT_1 发射结正偏导通承担放大任务,有电流通过负载 R_L,电流的路径是 $U_{CC} \rightarrow VT_1 \rightarrow R_L \rightarrow$ 地,负载电阻的电流 i_L 等于晶体管的电流 i_{C1},输出电压 u_o 的极性是上正下负。而当信号 u_i 处于负半周时,晶体

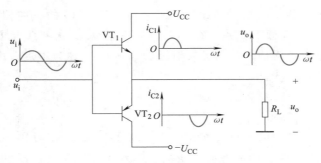

图 3-20 乙类放大电路

管 VT_1 发射结反偏截止，由 VT_2 承担放大任务，仍有电流通过负载 R_L，电流的路径是地→ R_L→VT_2→$-U_{CC}$，负载电阻的电流 i_L 等于晶体管的电流 i_{C2}，输出电压 u_o 的极性是下正上负。这样两只晶体管在正负半周轮流导通，输出两个半周信号，在负载上再将两个半周信号合在一起得到一个完整的正弦波输出信号，从而负载上能够得到完整的波形。由于该电路连接负载时没有通过电容 C，故常称为 OCL 电路。

交越失真

实际的乙类互补对称电路，由于管子的死区电压，管子的 i_B 必须在 $|u_{BE}|$ 大于死区电压（NPN 型硅管约为 0.6V，PNP 型锗管约为 0.2V）时才有显著变化。当输入信号 u_i 低于这个数值时，VT_1 和 VT_2 管都截止，i_{C1} 和 i_{C2} 基本为零，负载 R_L 上无电流通过，出现一段死区。这种输入信号 u_i 在过零前后使输出信号出现的失真称为交越失真。

【甲乙类】 为了减小和克服交越失真，通常在两基极间加上二极管（或电阻，或二极管和电阻的组合），使两个功率放大管具有一定的正偏压，在输入正弦信号的一个周期内，有半个周期以上晶体管的电流 $i_C>0$，这种工作方式称为甲乙类放大。

3.4.3 单电源互补对称电路

图 3-20 所示电路用的是双电源供电，给使用带来一些不便，下面讨论单电源互补对称电路，又称为 OTL 电路。

【电路结构】 OTL 电路如图 3-21 所示，它采用单电源供电，在输出端接入一个容量较大的电容 C，输出信号通过电容 C 耦合到负载 R_L，不用变压器，故称为 OTL（无输出变压器）电路。其中，VT_1 组成前置放大级，偏置电阻 R_2、R_1 和发射极电阻 R_{E1} 组成静态工作点稳定电路，R_{C1} 和二极管 VD_1、VD_2 正向电阻共同组成 VT_1 的集电极电阻。VT_2 和 VT_3 是两只极性相反的功率放大管，VT_2 是 NPN 型晶体管，VT_3 是 PNP 型晶体

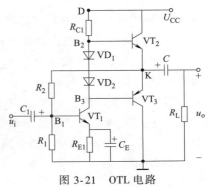

图 3-21 OTL 电路

管，组成互补对称输出级。二极管 VD_1、VD_2 是 VT_2 和 VT_3 的正向偏置器件，给晶体管 VT_2 和 VT_3 提供合适的静态工作点。C_1、C 分别为输入、输出耦合电容，C_E 是晶体管 VT_1 的发射极旁路电容。两功率放大管发射极的连接点 K 称为中点。由于电路的对称性，该点电压为电源电压的一半。

【OTL 电路工作原理】

1. $u_i = 0$

当输入信号 $u_i = 0$ 时，电路处于静态，U_K 的值与 R_2、R_1 有关，只要有适当的 R_2、R_1，就可以使 I_{C1}、U_{B2}、U_{B3} 的值合适，达到 $U_K = 0.5U_{CC}$。I_{C1} 流过二极管 VD_1、VD_2，产生上正下负的电压降，为 VT_2、VT_3 提供适当的偏置，保证 VT_2、VT_3 工作在甲乙类放大状态。

2. $u_i < 0$

当输入信号 $u_i < 0$ 时，处于负半周的 u_i 经 C_1 耦合加在 VT_1 的输入端，u_{B1} 为负极性，经 VT_1 放大后由集电极输出，由于晶体管的倒相放大作用，VT_1 集电极输出的是正极性信号，使 B_2、B_3 点的电位上升。根据晶体管的放大原理可知，此时 VT_2 导通，VT_3 截止。从 VT_2 输出的信号电流 i_{C2} 由电源 U_{CC} 提供能源；i_{C2} 从 VT_2 的集电极出发，经发射极、输出耦合电容 C，自上而下通过负载 R_L，形成回路，并对 C 充电。由于电容很大，可视为交流短路，信号电流 i_{C2} 在 R_L 两端产生正半周的输出信号电压 u_o。

3. $u_i > 0$

当输入信号 $u_i > 0$ 时，处于正半周的 u_i 经 C_1 耦合加在 VT_1 的输入端，经 VT_1 放大后由集电极输出，VT_1 集电极输出的是负极性信号，使 B_2、B_3 点的电位下降。此时 VT_3 导通，VT_2 截止。从 VT_3 输出的信号电流 i_{C3} 由耦合电容 C 提供能源，i_{C3} 从 VT_3 的发射极出发，经集电极，自下而上通过负载 R_L 形成回路。信号电流 i_{C3} 在 R_L 两端产生负半周输出信号电压 u_o。

结论： 输入信号正、负变化时，VT_3 和 VT_2 轮流导通，两个半波电流以相反的方向流过负载电阻 R_L，得到完整的输出波形，从而实现了推挽放大。只要选择的时间常数 $R_L C$ 足够大（比信号的最长周期大得多），就可以认为用电容 C 和一个电源 U_{CC} 可代替原来的 $+U_{CC}$ 和 $-U_{CC}$ 两个电源。

图 3-21 所示的单电源互补对称电路虽然解决了工作点的偏置和稳定问题，但在实际运用中还存在其他方面的问题，如输出电压幅值 U_{om} 达不到 $U_{CC}/2$。这是因为当 u_i 为负半周时，VT_2 导通，因而 i_{B2} 增加，由于 R_{C1} 上的压降和 u_{BE2} 的存在，使 K 点电位向 U_{CC} 接近时，明显低于 $+U_{CC}$，致使 U_{om} 明显小于 $U_{CC}/2$。

如何解决这个矛盾呢？如果把图 3-21 中 D 点的电位升高，使 $U_D > U_{CC}$，例如将图中 D 点与 $+U_{CC}$ 的连线切断，U_D 由另一电源供给，则问题即可以得到解决。通常的办法是在电路中引入 R_3、C_2 等元件组成自举电路，如图 3-22 所示。

在图 3-22 中，当 $u_i = 0$ 时，$u_D = U_D = U_{CC} - I_{C1}R_3$，而 $u_K = U_K = U_{CC}/2$，因此电容 C_2 两端电压被充电到 $u_{C2} = U_D - U_K = U_{CC}/2 - I_{C1}R_3$。

当时间常数 R_3C_2 足够大时，电容 C_2 两端的电压 u_{C2} 将基本为常数（$u_{C2} = U_{C2}$），不随 u_i 的改变而改变。这样，当 u_i 为负时，VT_2 导电，u_K 将由 $U_{CC}/2$ 向更正方向变化，考虑到 $u_D = u_{C2} + u_K = U_{C2} + u_K$，显然，随着 K 点电位的升高，D 点电位 u_D 也自动升高。因而，使输出电压幅度得到提高，这种工作方式称为自举，意思是电路自身把 u_D 提高了。

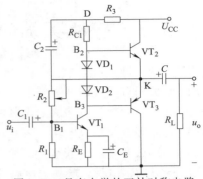

图 3-22　具有自举的互补对称电路

3.4.4　集成功率放大器及其应用

【集成功率放大器的特点】　集成功率放大器不仅能输出大功率的信号，而且还具有温度稳定性好、电源利用率高、功耗低、非线性失真小等特点和各种保护功能，集成功率放大器使用起来既方便又安全可靠。

【集成功率放大器的分类】　集成功率放大器的种类很多，从用途上分，有通用型功率放大器和专用型功率放大器；从芯片内部的电路构成上分，有单通道功率放大器和双通道功率放大器；从输出功率上分，有小功率功率放大器和大功率功率放大器等。

【举例介绍 LM386】　LM386 是目前应用较广的一种小功率通用型集成功率放大电路，其特点是电源电压范围宽（4～16V）、功耗低（常温下是 660mW）、频带宽（300kHz）。此外，电路的外接元器件少，应用时不必加散热片，已广泛应用于收音机、对讲机、双电源转换、方波和正弦波发生器等。

图 3-23 所示为其引脚排列图。此管采用 8 脚双列直插式塑料封装，引脚 1 和 8 之间外接阻容电路可改变集成功率放大器的电压放大倍数（20～200），当 1 脚和 8 脚间开路时，电压放大倍数为 20；1 脚和 8 脚间短路时，电压放大倍数为 200。

图 3-24 所示为 LM386 的典型应用电路，用于对音频信号的放大。图中 R_1、C_1 是用来调节电压放大倍数的；C_2 是去耦电路，它可防止电路产生自激；R_2、C_4 组成容性负载，用以抵消扬声器部分的感性负载，可以防止在信号突变时，扬声器感应出较高的瞬时电压而导致元器件的损坏，且可改善音质；C_3 为功率放大器的输出电容，使集成电路构成 OTL 功率放大器电路，这样整个电路使用单电源，降低了对电源的要求。

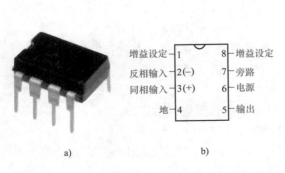

图 3-23　LM386 集成功放的外形与引脚排列
a）外形　b）引脚排列

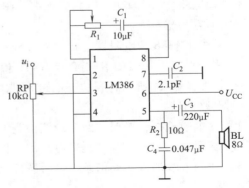

图 3-24　LM386 的典型应用电路
（音频功放电路）

3.5 技能实训 音频功放电路的安装与调试

【实训目的】

1. 掌握用万用表测试、判断运算放大器和厚膜功放好坏的基本方法。

2. 熟悉音频功放电路的工作原理。

3. 会安装音频功放电路。

4. 会调试音频功放电路。

【设备与材料】 音频功放电路元器件明细见表 3-1。

表 3-1 音频功放电路元器件明细表

序号	名称	代号	型号规格	数量
1	集成功放	IC	LM386	1
2	电容器	C_1	10μF	1
3	电容器	C_2	2.1pF	1
4	电容器	C_3	220μF	1
5	电容器	C_4	0.047μF	1
6	电位器	R_1	5.1kΩ	1
7	电位器	RP	10kΩ	1
8	电阻器	R_2	10Ω	1
9	扬声器	BL	8Ω	1
10	直流稳压电源		6V/2A	1
11	面包板			1
12	导线			若干

【实训电路】 音频功放电路原理图如图 3-24 所示。

【实训方法与步骤】

1. 观察 LM386 和电阻器、电容器的外部形状，并区分引脚。

2. 用指针式万用表的 R×100 或 R×1k 档检测元器件质量好坏，并进行筛选。

3. 按照图 3-24 所示音频功放电路原理图，在面包板（或万能板）上正确安装连接。

4. 电路调试。

1）通电前检查，对照电路原理图检查 LM386 的连接及电路的连线。

2）试通电，接通电源，观察电路的工作情况。

3）在输入端加入音频信号，试听扬声器的音响效果。能利用万用表排除调试中出现的简单问题。

【撰写实训报告】 实训报告内容包括实训安装过程记录，调试数据分析等。

【实训考核评分标准】 实训考核评分标准见表 3-2。

表 3-2　实训考核评分标准

序号	项　目	分值	评 分 标 准
1	LM386 和电阻器、电容器的识别与测试	20	1. 能正确使用万用表测量 LM386 和电阻器、电容器，并判别集成电路性能好坏，得 20 分 2. 测量结果不正确，不能识别者，酌情扣分
2	音频功放电路安装	30	1. 会合理选择元器件，得 15 分 2. 电路安装正确，得 15 分 3. 不会选择元器件，安装不正确，酌情扣分
3	音频功放电路调试与排除故障	20	1. 能按规程要求进行调试，且能排除调试中出现的简单故障问题，得 20 分 2. 不能按要求完成调试，酌情扣分
4	安全文明操作	10	1. 工作台面整洁，工具摆放整齐，得 5 分 2. 严格遵守安全文明操作规程，得 5 分 3. 工作台面不整洁，违反安全文明操作规程，酌情扣分
5	实训报告	20	1. 实训报告内容完整、正确、质量较高，得 20 分 2. 内容不完整，书写不工整，适当扣分

小　　结

1. 运算放大器具有高放大倍数、输入电阻大、输出电阻小的特点。

2. 运算放大器工作在线性区的两大结论：$U_- = U_+$ 和 $I_i = 0$，是分析与设计工作在线性区运放电路的重要依据。

3. 运算放大器的反相输入特点：输入端为"虚地"点；流过反馈支路的电流等于输入电流；电压放大倍数为 $-R_f/R_1$。

4. 运算放大器的同相输入特点：两个输入端为"虚短"，对地电压等于同相输入端电压；电压放大倍数为 $1+R_f/R_1$。

5. 功率放大电路可分为甲类、乙类和甲乙类。甲类工作状态的非线性失真小，但静态电流大、损耗大、效率低，只适用于小信号放大。乙类工作状态的晶体管静态电流为零，故损耗小、效率高，但非线性失真太大。甲乙类功率放大电路的静态工作点选在甲类和乙类之间，在交流负载线上略高于乙类工作点，无信号输入时，晶体管处于微导通状态，静态电流较小，效率较高。

6. 集成功率放大器具有体积小、工作稳定可靠、使用方便等优点，因而获得了广泛的应用。

习　　题

3-1　填空题

1）应用集成功放组成功放电路时，若采用_____电源供电，则输出构成 OCL 电路；采用_____电源供电，则输出构成 OTL 电路。

2）功率放大电路采用甲乙类工作状态是为了克服_____，并有较高的_____。

3-2 选择题

1）理想集成运放具有以下特点：（   ）。

A. 开环差模增益 $A_{ud} = \infty$，差模输入电阻 $R_{id} = \infty$，输出电阻 $R_o = \infty$

B. 开环差模增益 $A_{ud} = \infty$，差模输入电阻 $R_{id} = \infty$，输出电阻 $R_o = 0$

C. 开环差模增益 $A_{ud} = 0$，差模输入电阻 $R_{id} = \infty$，输出电阻 $R_o = \infty$

D. 开环差模增益 $A_{ud} = 0$，差模输入电阻 $R_{id} = \infty$，输出电阻 $R_o = 0$

2）功率放大电路的最大输出功率是在输入电压为正弦波，输出基本不失真的情况下，负载上获得的最大（   ）。

A. 交流功率　　　B. 直流功率　　　C. 平均功率　　　D. 有效功率

3）功率放大电路的转换效率是指（   ）。

A. 输出功率与晶体管所消耗的功率之比

B. 最大输出功率与电源提供的平均功率之比

C. 晶体管所消耗的功率与电源提供的平均功率之比

3-3 判断题

集成运放工作在非线性区的两个特点是"虚短"和"虚断"。（   ）

3-4 图 3-25 路中，N 为理想运放，$R = 60k\Omega$，$R_f = 180k\Omega$。试推导出电路输入与输出的关系。

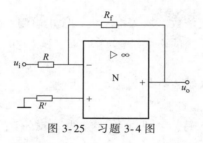

图 3-25　习题 3-4 图

3-5 电路如图 3-26 所示，设运放是理想的，当输入电压为 2V 时，其输出电压是多少？

3-6 电路如图 3-27 所示，设运放是理想的。当输入电压为 1V 时，其输出电压是多少？

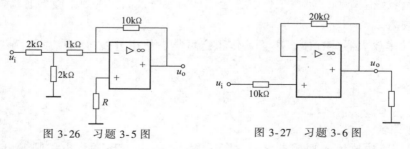

图 3-26　习题 3-5 图　　　　　图 3-27　习题 3-6 图

3-7 功率放大电路与小信号电压放大电路有何异同？有何特殊要求？

3-8 何谓甲类放大、乙类放大和甲乙类放大？电路的工作点如何设置？

3-9 OTL 电路的输出电容有何作用？

第4章 正弦波振荡电路

 本章导读

知识目标

1. 掌握正弦波振荡电路的组成框图及类型。
2. 理解振荡器的工作原理和条件。
3. 能识读 LC 振荡器、RC 桥式振荡器、石英晶体振荡器的电路图，能估算振荡频率。

技能目标

1. 学会安装、调试正弦波振荡器。
2. 会用示波器观测振荡波形，会用频率计测量振荡频率。

*4.1 振荡电路概述

 话题引入

　　自激振荡电路是一种不需要外加信号就能自己产生输出信号的电子电路，因此，常作为产生各种频率信号的信号发生器，如图 4-1 所示。振荡电路分为正弦波振荡电路和非正弦波振荡电路，正弦波振荡电路是一种基本的模拟电子电路，电子技术试验中经常用到的低频信号发生器就是一种正弦波振荡电路。大功率的振荡电路还可以直接为工业生产提供能源，例如高频加热炉的高频电源。此外，诸如超声波探伤、无线电、广播电视信号的发送和接收等，都离不开正弦波振荡电路。总之，正弦波振荡电路在测量、自动控制、通信和热处理等各种技术领域中，都有着广泛的应用。

图 4-1　信号发生器实物图

4.1.1　正弦波振荡电路的组成与分类

1. 正弦波振荡电路的组成

【电路组成】　正弦波振荡电路一般由放大电路、正反馈网络、选频网络、稳幅电路 4 个部分组成，其中，放大电路和正反馈网络是振荡电路的主要组成部分，如图 4-2 所示。

【放大电路】　用于放大反馈回来的信号，与正反馈网络配合实现起振，与稳幅电路配合实现稳幅。

【选频网络】　用来选择某一频率的信号，使振荡电路输出单一频率的正弦波信号。它既可以设置在放大电路中，也可以设置在正反馈网络中。

【正反馈网络】　为了使电路起振和产生正弦波，必须在放大电路中加入正反馈。

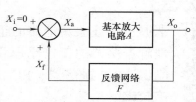

图 4-2　正弦波振荡电路框图

【稳幅电路】　由以上三个部分构成的振荡器很难控制正反馈的量，如果正反馈量大，则增幅将使输出幅度越来越大，最后由于晶体管的非线性限幅必然产生波形的非线性失真；反之，如果正反馈量不足，则减幅将可能使电路停振，所以，一般得不到正弦波，而是一些非正弦波信号。为了得到正弦波信号，振荡电路必须要有一个稳幅电路。

2. 正弦波振荡电路的分类

正弦波振荡电路一般有一个选频网络，而选频网络往往与正反馈网络或放大电路合二为一。选频网络一般由 R、C 或 L、C 等阻抗性元件组成，正弦波振荡器的名称一般由选频网络来命名，根据选频网络的不同，可分为 RC 振荡电路、LC 振荡电路和石英晶体振荡电路。

【RC 正弦波振荡电路】　利用电阻和电容组成选频电路的振荡电路，一般用来产生频率在几赫兹至几百千赫兹的正弦波信号。

【LC 正弦波振荡电路】　利用电感和电容组成选频网络的振荡电路，一般用来产生几百千赫兹以上的正弦波信号，可用于超外差收音机的本机振荡电路中等。

【石英晶体振荡电路】　振荡频率非常稳定，一般用来产生频率在几十千赫兹以上的正弦波信号，多用于时基电路（如石英钟、电子表）或测量设备中。

4.1.2　自激振荡的条件

【振荡形成过程】　正弦波振荡器是一个信号源，为什么在电路接通直流电源后，不外加输入信号就可以产生正弦波信号呢？这是因为在电路接通直流电源的瞬间，放大电路中的晶体管将产生基极电流和集电极电流的突变，称为电流扰动信号。这一电流扰动信号中包含了多种频率的微弱正弦波信号，统称为激励信号。激励信号经过"放大+正反馈（选频）+放大+正反馈（再选频）"的循环过程，输出电压就可以由小到大逐渐建立起来。这种不需要外加信号而靠振荡器内部正反馈作用维持的振荡称为自激振荡。

【自激振荡条件】 自激振荡必须满足相位平衡条件和幅度平衡条件。

【相位平衡条件】 指放大器的反馈信号 x_f 必须与输入信号 x_i 同相位，即两者的相位差 φ 是 2π 的整数倍。即

$$\varphi = 2n\pi \quad (n = 1, 2, 3, \cdots) \tag{4-1}$$

【幅度平衡条件】 指反馈信号的幅度必须满足一定的数值，才能补偿振荡中的能量损耗。在振荡建立的初期，反馈信号 x_f 应大于输入信号 x_i，使振荡逐渐增强，振幅越来越大，最后趋于稳定。即使达到稳定状态，其反馈信号也不能小于原输入信号，才能保持等幅振荡。

*4.2 常见正弦波振荡电路及应用

 话题引入

在实验室里做电子实验时，经常会用到低频信号发生器和高频信号发生器。低频信号发生器内部电路采用 RC 振荡电路，其振荡频率一般在 200kHz 以下；高频信号发生器内部电路采用 LC 振荡电路，它可以产生几百千赫以上的高频振荡信号。不同的电路结构，可以产生不同频率的信号，但是不同的振荡电路又是怎样工作的呢？下面让我们来进行具体的分析。

4.2.1 RC 振荡电路

RC 振荡电路的选频电路由电阻和电容组成，有桥式、移相式和双 T 式等几种，常见的是 RC 串并联式正弦波振荡电路，又称为文氏电桥正弦波振荡电路，主要用于产生频率在 200kHz 以下的低频振荡正弦波信号。

1. 文氏电桥振荡电路

【电路结构】 文氏电桥振荡电路如图 4-3 所示，$R_1 C_1$ 和 $R_2 C_2$ 构成串并联选频网络，其中间节点连接到运算放大器的同相输入端，运算放大器的输出端连接 R_1，引入正反馈；输出电压的一部分通过反馈网络 R_f，反馈回放大器的输入端，形成电压串联负反馈，R_f 和 R_1' 构成稳幅电路。

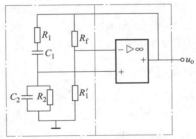

图 4-3 文氏电桥振荡电路

阅读材料

RC 串并联网络的频率特性

RC 串并联电路如图 4-4a 所示，在信号频率很低时，C_1、C_2 容抗均很大，在 R_1、C_1 串联部分，$\dfrac{1}{2\pi fC_1} \geqslant R_1$，因此，在 C_1 上的分压大得多，R_1 上的分压可以忽略；在 R_2、C_2 并联部分，$\dfrac{1}{2\pi fC_2} \geqslant R_2$，因此，在 R_2 支路的分流量比 C_2 支路的大得多，C_2 上的分流量可以忽略。这时的串、并联网络可等效成图 4-4b 所示电路。从该图可以看出，频率越低，C_1 容抗越大，R_2 上的分压越少，u_2 幅度越小。

在信号频率很高时，C_1、C_2 容抗均很小，在 R_1、C_1 串联部分，$\dfrac{1}{2\pi fC_1} \leqslant R_1$，在 C_1 上的串联分压可以忽略；在 R_2、C_2 并联部分，$\dfrac{1}{2\pi fC_2} \leqslant R_2$，$R_2$ 上的分流量可以忽略。这时的串并联网络可等效成图 4-4c 所示电路。从该图可以看出，频率越高，C_2 容抗越小，u_2 幅度越小。

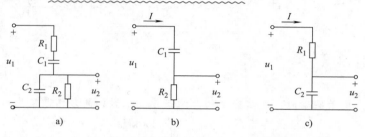

图 4-4　RC 串、并联网络及高频、低频等效电路

a）RC 串、并联网络　b）低频等效电路　c）高频等效电路

RC 串、并联电路的频率特性曲线如图 4-5 所示。从图 4-5a 中可以看出，只有在谐振频率 f_0 上，输出电压幅度最大。偏离这个频率，输出电压幅度迅速减小，这就是 RC 串、并联网络的选频特性。

下面我们分析 u_1 与 u_2 的相频关系。

在上面的分析中，当信号频率低到接近于零时，C_1、C_2 容抗很大，C_2 对 R_2 而言，相当于开路，使输入信号流经 R_1、R_2、C_1 所组成的等效串联电路，在这个串联电路中，$\dfrac{1}{2\pi fC_1} \gg (R_1 + R_2)$，使该串联电路接近于纯电容电路，电流的相位超前于 u_1 90°。由于 $u_2 = iR_2$，所以 u_2 的相位也超前于 u_1 90°。但随着信号频率的升高，RC 串、并联电路将从纯电容电路过渡到容性电路，u_2 超前于 u_1 的相位角将相应减小，升高到谐振频率 f_0 时，相位角 φ 减小到零，u_2 与 u_1 同相位。如果信号频率上升到接近于无穷大时，C_1、C_2 容抗极小，相当于短路，RC 串、并联回路只有 R_1 起作用，所以电流 i 与 u_1 同相。但在 R_2C_2 的并联回路中，由于 $\dfrac{1}{2\pi fC_2} \ll R_2$，使该并联电路接近于纯电容电路，电流超前于 u_2 90°，即 u_2 滞后于 u_1 90°。随着信号频率的降低，u_2 与 u_1 的相位角 φ 越来越小，当 f 降低到等于谐振频率 f_0 时，相位角 $\varphi = 0$，u_2 与 u_1 同相位。这种 u_2 与 u_1 之间相位随频率的变化关系，称为 RC 电路的相频特性。其相频特性曲线如图

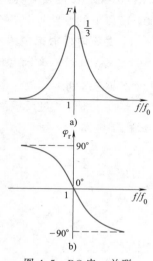

图 4-5　RC 串、并联
网络的频率特性

4-5b 所示。

从上述分析可以得出结论：当信号频率 f 等于 RC 回路的选频频率 f_0 时，输出电压 u_2 幅度最大，且与输入信号 u_1 同相，这就是 RC 串并联回路的选频原理。

理论和实践证明，当 $R_1 = R_2 = R$，$C_1 = C_1 = C$ 时，RC 串、并联选频回路的选频频率为

$$f_0 = \frac{1}{2\pi RC} \tag{4-2}$$

实验告诉你：

仿真实验 文氏电桥振荡器

/内容/ 用 Multisim 仿真软件搭建图 4-6 所示文氏电桥振荡电路。

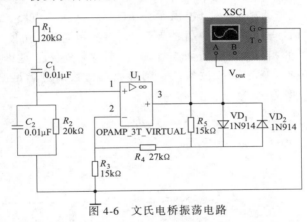

图 4-6 文氏电桥振荡电路

/现象/ 单击仿真开关，观察振荡波形，如图 4-7 所示。可以看出电路起振后，振幅逐渐增大最后形成稳定振荡的正弦波。

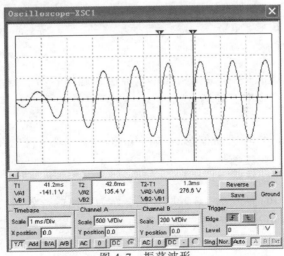

图 4-7 振荡波形

在显示的波形中，测量正弦波的周期 T。

用红、蓝两个测量标尺测出振荡周期，从图4-7所示示波器下方的显示可以看出，$T = 1.3\text{ms}$。

/结论/ 文氏电桥振荡器产生的正弦波，仿真电路测量的周期与按 $T = 2\pi RC$ 计算的周期基本吻合。

$$T = 2\pi RC = 2 \times 3.14 \times 20 \times 10^3 \times 0.01 \times 10^{-6}\text{ms} \approx 1.3\text{ms}$$

2. RC 移相式振荡电路

RC 移相式振荡电路具有超前移相或滞后移相两种，如图4-8所示。在移相电路中，若用其中一种移相电路作为反馈网络，至少需3节RC超前或滞后电路串接，才能相移 $180°$，因为一节RC电路最大相移不到 $90°$。

【移相式振荡电路工作原理】 图4-9所示为RC移相式振荡电路，晶体管VT的输出电压与输入电压反相，即 $\varphi_a = 180°$。图中用3节RC超前移相电路，可使 $\varphi_f = +180°$，那么，$\varphi = \varphi_a + \varphi_f = 0°$，满足振荡的相位条件。若用3节RC滞后移相电路，使其中 $\varphi_f = -180°$，即 $\varphi = \varphi_a + \varphi_f = -360°$，同样可满足振荡的相位条件。调整放大倍数即可满足振荡的幅值条件。RC移相式振荡器的振荡频率为

$$f_0 = \frac{\sqrt{6}}{2\pi RC} \tag{4-3}$$

式中，$C = C_1 = C_2 = C_3$，$R = R_1 = R_2 = R_{b1} /\!/ R_{b2}$。

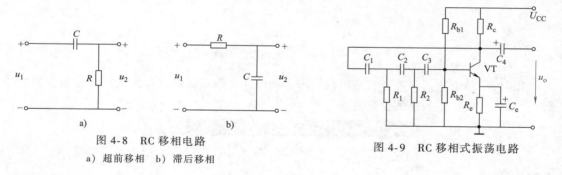

图4-8 RC 移相电路
a）超前移相 b）滞后移相

图4-9 RC 移相式振荡电路

【RC 移相式振荡电路的特点】 结构简单、经济、起振容易、输出幅度强，但变换频率不方便，一般适用于单一频率振荡场合。

4.2.2 LC 振荡电路

LC 振荡电路是由 LC 并联回路作为选频网络的一种高频振荡电路，它能产生几十千赫兹到几百兆赫兹以上的正弦波信号。

1. LC 并联谐振的选频特性

【电路结构】 图4-10a所示为LC并联电路，R 为回路的等效损耗电阻。

【工作原理】 图4-10a所示电路。先将开关S置于位置"1"，使电源对电容器充电到电源电压 E；再将S置于位置"2"，电容 C 向电感 L 放电，将电场能转换成磁场能贮存于线

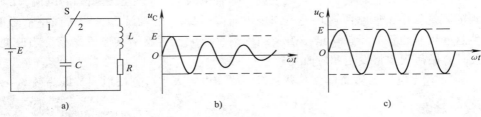

图 4-10 LC 回路中的自由振荡

a) LC 回路 b) 阻尼振荡波形 c) 等幅振荡波形

圈中，紧接着线圈释放磁场能向电容器充电，又将磁场能转换成电场能。在 LC 回路中，线圈和电容器交替充、放电，电场能和磁场能不断交替转换就形成 LC 回路的自由振荡。振荡信号的波形为正弦波，振荡频率为 LC 回路的固有频率 $f_0 = \dfrac{1}{2\pi\sqrt{LC}}$。

由于 LC 回路存在等效损耗电阻，在振荡中总会使部分能量转换成热能而损耗，所以电容电压的幅度总是越来越小，直至停振。这种振荡称为减幅振荡或阻尼振荡，其波形如图 4-10b 所示。这种振荡是没有实用价值的，在技术上往往要求持续的等幅振荡。要使振荡幅度不至于衰减，必须向 LC 回路供给能量，以补偿振荡中的能量损耗，产生如图 4-10c 所示的等幅振荡波形。

2. 变压器反馈式 LC 振荡电路

【电路结构】 图 4-11 所示为变压器反馈式 LC 振荡电路。图中，L_1C 并联回路作为晶体管的集电极负载，是振荡电路的选频网络。变压器反馈式振荡电路由放大电路、反馈网络和选频网络三部分组成。电路中三个绕组作变压器耦合。线圈 L_1 与电容 C 组成选频电路，L_2 是反馈绕组，与负载相接的 L_3 为输出绕组。

【振荡条件】 集电极输出信号与基极的相位差为 $180°$，通过变压器的适当连接，使 L_2 两端的反馈交流电压又产生 $180°$ 的相移，即可满足振荡的相位条件。

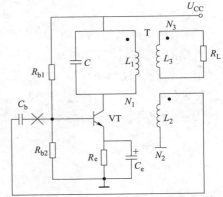

图 4-11 变压器反馈式 LC 振荡电路

【振荡频率】 自激振荡的频率基本上由 L_1、C 并联谐振回路决定。即

$$f_0 \approx \frac{1}{2\pi\sqrt{L_1C}} \tag{4-4}$$

【工作原理】 当电路电源接通瞬间，在集电极选频电路中激起一个很微弱的电流变化信号，选频电路只对谐振频率 f_0 的电流呈现很大阻抗，该频率的电流在回路两端产生电压

降，这个电压降经变压器耦合到 L_2，反馈到晶体管输入端；对非谐振频率的电流，L_1C 谐振回路呈现的阻抗很小，回路两端几乎不产生电压降，L_2 中也就没有非谐振频率信号的电压降，当然这些信号也没有反馈。谐振信号经反馈、放大、再反馈就形成振荡。当改变 L_1 或 C 的参数时，振荡频率将发生相应改变。

【电路特点】 电路结构简单，容易起振，改变电容大小可方便地调节振荡频率。

注意!

在应用时要特别注意绕组 L_2 的极性（即同名端），否则没有正反馈，无法振荡。

3. 电感三点式 LC 振荡电路

【电路结构】 图 4-12 所示为电感三点式 LC 振荡电路，图 4-12a 是用晶体管做放大电路，图 4-12b 是用运放作放大电路。电感三点式 LC 振荡电路特点是电感线圈有中间抽头，使 LC 回路有三个端点，并分别接到晶体管的三个电极上（交流电路），或接在运放的输入、输出端。

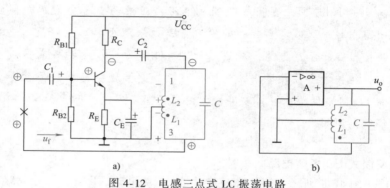

图 4-12 电感三点式 LC 振荡电路

a）晶体管放大电路组成 b）运算放大器组成

【判断是否满足振荡条件】 在图 4-12a 中，用瞬时极性法判断相位条件，若给基极一个正极性信号，晶体管集电极得到负的信号。在 LC 并联回路中，1 端对"地"为负，3 端对"地"为正，故为正反馈，满足振荡的相位条件。振荡的幅值条件可以通过调整放大电路的放大倍数 A_u 和 L_2 上的反馈量来实现。

【振荡频率】 该电路的振荡频率基本上由 LC 并联谐振回路决定。

$$f_0 \approx \frac{1}{2\pi\sqrt{LC}} \tag{4-5}$$

式中，$L = L_1 + L_2 + 2M$。

【电路特点】 电感三点式 LC 振荡电路，由于 L_1 和 L_2 是由一个线圈绕制而成的，耦合紧密，因而容易起振，并且振荡幅度和调频范围大，但高次谐波反馈较多，容易引起输出波形的高次谐波含量增大，导致输出波形质量较差。

4. 电容三点式 LC 振荡电路

【电路组成】 图 4-13 所示为电容三点式 LC 振荡电路。电容 C_1、C_2 与电感 L 组成选频网络，该网络的端点分别与晶体管的三个电极或与运放输入、输出端相连接。

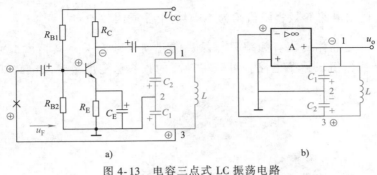

图 4-13　电容三点式 LC 振荡电路
a）晶体管放大电路组成　b）运算放大器组成

【判断是否满足振荡条件】　以图 4-13b 为例，用瞬时极性法判断振荡的相位条件。若反相输入端为正极性信号，LC 网络的 1 端点产生负极性信号，3 端点相应为正极性信号，从而构成正反馈形式，满足相位条件。

【振荡频率】　电容三点式 LC 振荡电路的振荡频率为

$$f_0 \approx \frac{1}{2\pi\sqrt{LC}} \tag{4-6}$$

式中，$C = C_1 C_2 / (C_1 + C_2)$。

4.2.3　石英晶体振荡电路

石英晶体单独做成元件使用就是石英晶体谐振器（简称晶振），它具有非常稳定的固有频率。如果把石英晶体与半导体器件和阻容元件一起使用，便可构成石英晶体振荡器。石英晶体振荡器一般都安装在金属盒内，在金属盒的底部有多个引脚以便和外电路进行连接。对于振荡频率的稳定性要求高的电路，应选用石英晶体作选频网络。石英晶体振荡器可广泛应用于星弹测控、雷达、导航、通信、电子对抗、气象、工业自动控制、各种军用电子设备及民用电子产品中。

1. 石英晶体的压电效应和压电谐振

【压电效应】　对于按照一定方法切割而成的石英晶片，在外加电压的作用下将发生某种形变，而在外力的作用下又会产生一定的电压，如图 4-14a 所示。

【压电谐振】　当外加交流电压的频率等于晶体的固有频率时，石英晶体会产生相同频率的机械振动，即回路发生串联谐振。产生压电谐振时的振荡频率称为石英晶体谐振电路的振荡频率，图 4-14b 所示。

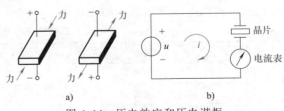

图 4-14　压电效应和压电谐振
a）压电效应　b）压电谐振

2. 晶振的外形、符号和等效电路

晶振的外形如图 4-15a 所示，晶振的符号如图 4-15b 所示。当晶体不振动时，可用静态电容 C_0 来等效，一般约为几皮法至几十皮法。当晶体振动时，机械振动的惯性可

用电感 L 来等效，一般为 $10^{-3} \sim 10^{-2}$H；晶片的弹性可用电容 C 来等效，一般为 $10^{-2} \sim 10^{-1}$pF；晶片振动时的损耗用 R 来等效，阻值约为 $10^2 \Omega$。由品质因数 $Q = \dfrac{1}{R}\sqrt{\dfrac{L}{C}}$，可以算得 Q 很大，可达 $10^4 \sim 10^6$，加之晶体的固有频率只与晶片的几何尺寸有关，其精度高而稳定。所以，采用石英晶体谐振器组成振荡电路，可获得很高的频率稳定度。等效电路如图4-15c所示。

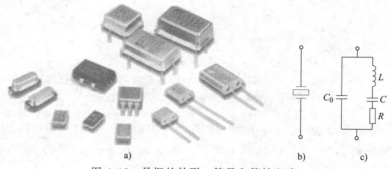

图 4-15　晶振的外形、符号和等效电路

a) 外形　b) 符号　c) 等效电路

如何判断晶振的好坏

1. 用万用表（R×10k 档）测晶振两端的电阻值，若为无穷大，说明晶振是好的；若有一定阻值或阻值为零，则说明晶振损坏。

2. 对于处于工作状态的晶振，可用万用表测量晶振两个引脚电压，若引脚电压为芯片工作电压的一半，说明晶振是好的，否则说明晶振已坏。

*4.3　技能实训　制作正弦波振荡电路

【实训目的】

1. 学习 RC 正弦波振荡器的设计方法。

2. 掌握 RC 正弦波振荡器的安装、调试与测量方法。

【设备与材料】

正弦波振荡电路元器件明细见表4-1。

表 4-1　正弦波振荡电路元器件明细表

序号	名称	代号	型号规格	数量
1	万用表		500 型	1
2	电烙铁		30W	1
3	双踪示波器		20MHz	1
4	频率计			1
5	集成运算放大器	A	μA741	1

（续）

序号	名称	代号	型号规格	数量
6	二极管	VD_1、VD_2	IN914	2
7	电阻器	R_1、R_2	20kΩ	2
8	电阻器	R_3、R_5	15kΩ	2
9	电阻器	R_4	27kΩ	1
10	电阻器	RP	100kΩ	1
11	电容器	C_1、C_2	0.01μF	2
12	直流稳压电源			1
13	印制电路板			1
14	导线		φ0.5mm	若干

 阅读材料

印制电路板及元器件安装

1. 印制电路板种类

印制电路板的种类较多，一般按结构可分为单面板、双面板、多层板和软性板等4种。

图4-16所示为实验实训中几种常见的印制电路板。

  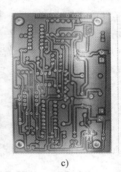

a)　　　　　　　　　　　b)　　　　　　　　　　c)

图4-16　几种常见的印制电路板

a）单孔万能印制电路板　b）面包印制电路板　c）表面敷铜双面板

2. 印制电路板的技术术语

焊盘：印制电路板上的焊接点。

焊盘孔：印制电路板上安装元器件插孔的焊接点。

冲切孔：印制电路板上除焊盘孔外的洞和孔。它可以安装零部件、紧固件、橡塑件及导线穿孔等。

反面：单面印制电路板中，铜箔板的一面。

正面：单面印制电路板中，安装元器件、零部件的一面。

3. 印制电路板元器件插装工艺要求

1）元器件在印制电路板上的分布应尽量均匀，疏密一致，排列整齐美观，不允许斜排，立体交叉和重叠排列。

2）安装顺序一般为先低后高，先轻后重，先易后难，先一般元器件后特殊元器件。

3）有安装高度的元器件要符合规定要求，统一规格的元器件应尽量安装在同一高度上。

4）有极性的元器件，安装前可以套上相应的套管，安装时极性不得接错。

5）元器件引线直径与印制电路板焊盘孔径应有 0.2~0.4mm 合理间隙。

6）元器件一般应布置在印制电路板的同一面，元器件外壳或引线不得相碰，要保证 0.5~1mm 的安全间隙。无法避免接触时，应套上绝缘套管。

7）安装较大元器件时，应采取紧固措施。

8）安装发热元器件时，要与印制电路板保持一定的距离，不允许贴板安装。

9）热敏元器件的安装要远离发热元器件。变压器等电感器件的安装，要减少对邻近元器件的干扰。

4. 印制电路板上导线焊接技能

单孔印制电路板是一种可用于焊接训练和搭建试验电路用的印制电路板。在单孔印制电路板中导线一般采用 $\phi 0.5mm$ 的镀锡裸铜丝来进行各种电路的连接。

5. 镀锡裸铜丝焊接要求

1）镀锡裸铜丝挺直，整个走线呈现直线状态，弯成 90°。

2）焊点均匀一致，导线与焊盘融为一体，无虚焊、假焊。

3）镀锡裸铜丝紧贴印制电路板，不得拱起、弯曲。

4）对于较长尺寸的镀锡裸铜丝在印制电路板上应每隔 10mm 加焊一个焊点。

5）焊接前先将镀锡裸铜丝拉直，按照工艺图纸要求，将其剪成所需要长短的线材，并按工艺要求加工成形待用。

6）按照工艺图纸要求，将成形后的镀锡裸铜丝插装在单孔印制电路板的相应位置，并用交叉镊子固定，然后进行焊接。

注意：对成直角状的镀锡裸铜丝焊接时，应先焊接直角处的焊点，注意不能先焊两头，避免中间拱起。

7. 元器件和零部件的连接方式

印制电路板上元器件和零部件的焊接方式有直接焊接和间接焊接两种。直接焊接是利用元器件的引出线与印制电路板上的焊盘直接焊接起来。焊接时，往往采用插焊技术。间接焊接是采用导线接插件将元器件或零部件与印制电路板上的焊盘连接起来。

【实训方法与步骤】

1. 按图 4-17 所示连接实验电路，在实验板（或万能板）上连接电路，检查无误后接通电源。图 4-18 所示为正弦波振荡器实物图，供参考。

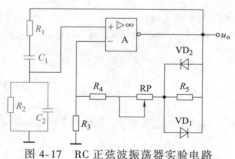

图 4-17　RC 正弦波振荡器实验电路

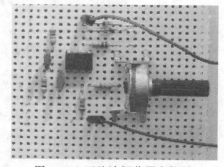

图 4-18　正弦波振荡器实物图

2. 调节电位器 RP 使输出端得到最大不失真的正弦波，用示波器或频率计测量电路的输出振荡频率。

【撰写实训报告】　实训报告包括实训数据记录，原理分析和数据分析等。

【实训考核评分标准】　实训考核评分标准见表 4-2。

表 4-2 实训考核评分标准

序号	项　　目	分值	评分标准
1	集成运放测试	20	1. 会正确判断集成运放的引脚,得 10 分 2. 会判别集成运放和其他元器件质量好坏,得 10 分 3. 不会判别集成运放引脚,不会判别集成运放和其他元器件质量好坏,酌情给分
2	电路安装	30	1. 能正确选择电路元器件,布局合理,元器件整形美观,得 15 分 2. 焊接技术规范,焊点美观,无虚焊,试通电一次成功,得 15 分 3. 不能正确选择电路元器件,布局不合理,整形不规范,焊接技术差,一次通电不合格,适当扣分
3	电路调试	20	1. 能正确使用示波器、万用表、频率计测试波形和数据,得 20 分 2. 不能正确使用示波器、万用表、频率计测试波形和数据,适当扣分
4	安全文明操作	10	1. 工作台面整洁,工具摆放整齐,得 5 分 2. 严格遵守安全文明操作规程,得 5 分 3. 工作台面不整洁,违反安全文明操作规程,酌情扣分
5	实训报告	20	1. 实训报告内容完整、正确,质量较高,得 20 分 2. 内容不完整,书写不工整,适当扣分

小　　结

正弦波振荡电路由放大、选频、正反馈及稳幅 4 部分组成。产生振荡的条件是: 振幅平衡条件和相位平衡条件。

RC 振荡器频率较低, 常采用的是 RC 桥式振荡器, 当 $R_1 = R_2$, $C_1 = C_2 = C$ 时, 其振荡频率为 $f_0 = \dfrac{1}{2\pi RC}$。

LC 正弦波振荡器可以产生很高的振荡频率, 常采用的是 LC 变压器反馈式、电感三点式、电容三点式振荡器, 其振荡频率由 LC 谐振回路决定, $f_0 \approx \dfrac{1}{2\pi\sqrt{LC}}$。

石英晶体正弦波振荡器的振荡频率稳定性相当高, 常用在振荡频率不常改变且频率稳定度要求高的场合。

习　　题

4-1 填空题

1) 振荡电路输入端未加任何信号, 但有_____。

2) 正弦波振荡电路除了有放大电路和反馈网络, 还应有_____和_____。

3) RC 正弦波振荡电路的选频网络由_____和_____元件组成。

4）正弦波振荡电路的选频网络由电容和电感元件组成，则称为_____。

5）在移相式振荡电路中，至少要用_____才能满足振荡的相位平衡条件。

6）输出波形中含有较大的高次谐波的振荡电路是_____。

7）石英晶体振荡电路基本上有两类，即_____和_____。

4-2　判断题

1）只要电路引入了正反馈，就一定会产生正弦波振荡。（　　　）

2）振荡电路中的集成运放都工作在线性区。（　　　）

3）非正弦波振荡电路与正弦波振荡电路的振荡条件完全相同。（　　　）

4-3　试在振荡频率的高低、振荡频率的稳定性等方面，对 RC 振荡电路、LC 振荡电路和石英晶体振荡电路进行比较。

4-4　产生自激振荡的条件是什么？

4-5　正弦波振荡电路由哪几部分组成？选频网络的作用是什么？

4-6　LC 振荡电路频率不稳定的原因是什么？如何解决？

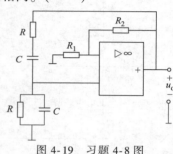

图 4-19　习题 4-8 图

4-7　振荡电路中引入负反馈的作用是什么？

4-8　电路如图 4-19 所示，已知振荡频率近似为 1kHz，电容 $C = 0.01\mu F$。

1）标出图中集成运放的同相输入端"+"和反相输入端"−"，使之能正常工作；

2）求电阻 R 的值。

4-9　判断下图 4-20 所示各电路能否满足振荡的相位条件？

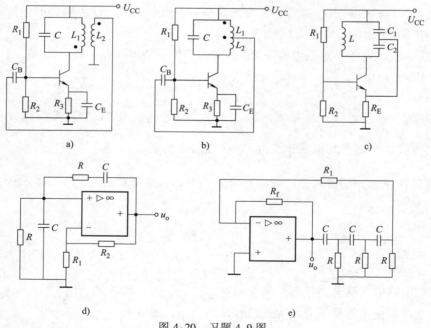

图 4-20　习题 4-9 图

4-10　在图 4-21 所示电路中，$R_1 = R_2 = 1\text{k}\Omega$，$C_1 = C_2 = 0.02\mu\text{F}$，试求振荡频率。

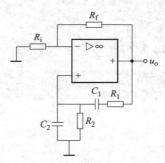

图 4-21　习题 4-10 图

直流电源

 本章导读

知识目标

1. 了解直流稳压电源的组成、作用和主要技术指标。
2. 熟悉常用三端稳压器的应用电路。
3. 了解集成开关稳压电源的稳压原理。

技能目标

1. 会利用网络搜索查询集成稳压电源的主要参数。
2. 能识读集成稳压电源的电路图。
3. 会安装与调试直流稳压电源。
4. 会判断并检修直流稳压电源的简单故障。

5.1 集成稳压电源

 话题引入

当今社会人们极大地享受着电子设备带来的便利，但是任何电子设备都有一个共同的电路——电源电路。大到超级计算机，小到袖珍计算器，所有的电子设备都必须在电源电路的支持下才能正常工作。由于电子设备对电源电路的要求就是能够提供持续稳定、满足负载要求的电能，提供这种稳定直流电能的电源就是直流稳压电源。

随着半导体工艺的发展，稳压电路也制成了集成器件。由于集成稳压器具有体积小、外接线路简单、使用方便、工作可靠和通用性强等优点，因此在各种电子设备中应用十分普遍，基本上取代了由分立元器件构成的稳压电路。集成稳压器的种类很多，应根据设备对直流电源的要求来进行选择。对于大多数电子仪器、设备和电子电路来说，通常是选用串联线性集成稳压器，而在这种类型的器件中，又以三端稳压器应用最为广泛。

5.1.1 直流电源的组成

各种电子设备通常采用直流电源供电，而电网提供的是 50Hz 正弦交流电压，所以要把正弦交流电变为稳定的直流电供电子设备使用。将交流电变换成直流电的过程称为整流。将正弦交流电变换成较稳定直流电的装置称为直流电源。直流电源由 4 部分组成，如图 5-1 所示。

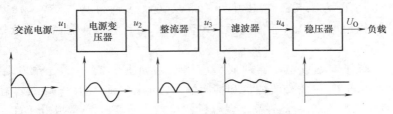

图 5-1 直流电源组成框图

【电源变压器】 电子设备所需直流电压的数值较低，而电网电压的有效值较高，所以在整流前首先用电源变压器把电网电压 u_1 变换成所需要的交流电压值 u_2。

【整流电路】 利用整流器件的单向导电性，把交流电变换成方向不变但大小随时间变化的脉动直流电 u_3。

【滤波电路】 经整流电路输出的脉动直流电含有较大的交流成分，它有时会干扰输入信号，所以利用电容器、电感线圈的储能特性，把脉动直流电中的交流成分滤掉，从而得到平滑的直流电 u_4。

【稳压电路】 虽然经过滤波电路可以输出较为平滑的直流电，但由于电网电压的波动或负载的改变，都会引起输出电压的改变。因此可以通过引入串联型稳压电路，使输出电压 U_o 保持稳定。

5.1.2 三端集成稳压器

【集成稳压器结构】 集成稳压器一般只有三个引脚：输入端、输出端和公共端，故又称为三端集成稳压器。不同型号、不同封装的集成稳压器三个引脚定义不同，需查手册确定。

【集成稳压器分类】 三端集成稳压器分为固定式和可调式两大类，其实物外形和电气符号如图5-2所示。

图 5-2 三端集成稳压器的实物外形和电气符号

a）金属菱形封装实物　b）塑料封装实物　c）电气符号

1. 三端固定集成稳压器

三端固定集成稳压器的输出电压是固定的。输出电压有正、负之分。常用的产品型号有输出固定正电压的 CW78×× 系列和输出固定负电压的 CW79×× 系列。CW78××（或 CW79××）的后两位 ×× 表示输出电压值。其输出额定电流以 78（或 79）后面所加字母来区分。L 为 0.1A，M 为 0.5A，无字母为 1.5A。输出电压有 5V、6V、9V、12V、15V、18V、24V 等。例如 CW78L15，表示输出电压 +15V，输出额定电流为 0.1A。它因性能稳定、价格低廉而得到了广泛应用。

【应用电路】 三端固定集成稳压器的典型应用电路如图 5-3a 所示。输入端接电容 C_1 用作滤波以减少输入电压 U_i 中的交流分量和抑制输入过电压，通常取 0.33μF。输出端接电容 C_2 用来改善负载瞬态响应，一般不需要大容量的电解电容器，通常取 0.1μF。此电路十分简单，根据需要可选择不同型号的三端固定集成稳压器。如需 +9V 直流电压，可用 CW7809 型号的稳压器。

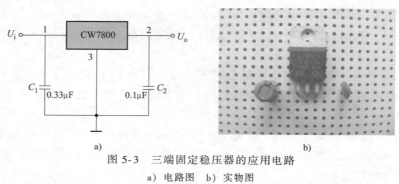

图 5-3 三端固定稳压器的应用电路
a）电路图 b）实物图

注意！
接线时，引脚不能接错，公共端不得悬空。

2. 三端可调输出集成稳压器

三端可调输出集成稳压器是在三端固定输出集成稳压器的基础之上发展起来的，用少量外部元器件就可构成可调稳压电路，应用灵活简单，特点是输出电压可调。它分为正压输出（如 CW117、CW217、CW317）和负压输出（如 CW137、CW237、CW337）两类。

【应用电路】 三端可调输出集成稳压器的典型应用电路如图 5-4a 所示。三端可调输出集成稳压器的引脚分为输入端、输出端和调整端。调整电位器 RP，可改变取样电压值，从而控制输出电压的大小。由于三端可调输出集成稳压器的内部，在输出端和调整端之间是 1.25V（用 U_{REF} 表示）的基准电压，所以 R_1 上的电流值基本恒定。而调整端流出的电流（I_a）很小，在计算时可忽略，因此，输出电压为

$$U_o = U_{REF} + \frac{U_{REF}}{R_1}R_{RP} + I_aR_{RP} \approx 1.25 \times \left(1 + \frac{R_{RP}}{R_1}\right) \qquad (5\text{-}1)$$

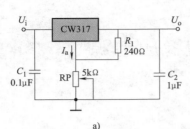

a)　　　　　　　　　　　　　b)

图 5-4　三端可调稳压器的应用电路

a）电路图　b）实物图

 阅读材料

三端集成稳压器使用时注意的问题

三端集成稳压器虽然应用电路简单，外围元器件很少，但若使用不当，同样会出现稳压器被击穿或稳压效果不良的现象，所以在使用中必须注意以下几个问题：

1）要防止产生自激振荡。三端集成稳压器内部电路放大级数多，开环增益高，工作于闭环深度负反馈状态，若不采取适当补偿移相措施，则在分布电容、电感的作用下，电路可能产生高频寄生振荡，从而影响稳压器的工常工作。

2）三端集成稳压器是一个功率器件，它的最大功耗取决于内部调整管的最大结温，因此，要保证集成稳压器能够在额定输出电流下正常工作，就必须为集成稳压器采取适当的散热措施。稳压器的散热能力越强，它所承受的功率也就越大。

3）选用三端集成稳压器时，首先要考虑的是输出电压是否需要调整。若不需调整输出电压，则可选用输出固定电压的稳压器；若要调整输出电压，则应选用可调式稳压器。稳压器的类型选定后，就要进行参数的选择，其中最重要的参数就是需要输出的最大电流值，这样可大致确定出集成电路的型号，然后再审查一下所选稳压器的其他参数能否满足使用的要求。

4）三端稳压器的输入电压要适当，否则，当电网电压过高或过低时，会损坏稳压器或使其不能正常工作，应保证稳压器输入电压高于输出电压 2~3V。

5）稳压器引脚不能接错，接地端不能悬空，否则易损坏稳压器。

5.1.3　直流稳压电路性能指标

【最大输出电流 I_{OM} 与输出电压】　最大输出电流指稳压电源正常工作的情况下能输出的最大电流，用 I_{OM} 表示；输出电压是指稳压电源中稳压器的输出电压。

【电压调整率 S_u】　表征稳压电源在输出电流和环境温度不变时，输入电压每变化 1V 时输出电压相对变化值 $\Delta U_o / U_o$ 的百分数，此值越小，稳压性能越好。表示为

$$S_u = \frac{\Delta U_o / U_o}{\Delta U_i} \times 100\% \qquad (5\text{-}2)$$

由于工程中常把电网电压波动 ±10% 作为测试条件，因此，将该条件下的输出电压的相对变化量作为衡量指标。

【纹波电压】 整流、滤波或稳压后的输出直流电压中，仍含有交流成分，纹波电压是指叠加在输出电压上的交流分量。纹波电压为非正弦量，常用其峰-峰值来表示 $\Delta U_{oP\text{-}P}$，一般为毫伏级。可用示波器进行测量。

5.2 开关型稳压电源

 话题引入

随着电子技术的发展，电子系统的应用领域越来越广泛，电子设备的种类也越来越多，对电源的要求更加灵活多样，电子设备的小型化和低成本化使电源以轻、薄、小和高效率为发展方向。传统的串联型调整稳压电源，是连续控制的线性稳压电源，这种传统稳压电源技术比较成熟，但其通常都需要体积大且笨重的工频变压器，滤波器的体积和重量也很大，而且为了保证输出电压稳定，三端集成稳压器的输入电压和输出电压之间必须具有较大的电压差，这样导致器件功耗较大，需要装配体积很大的散热器，电源效率较低，难以满足电子设备发展的要求，从而促成了高效率、体积小、重量轻的开关电源的迅速发展。

5.2.1 开关型稳压电路原理

【开关型稳压电源电路组成】 开关型稳压电路主要由三部分组成：开关电路、续流滤波和反馈电路。图 5-5a 所示为开关型稳压电路原理图。

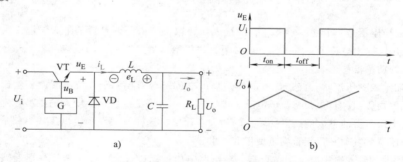

图 5-5 开关型稳压电路原理图

a）开关型稳压电路原理图 b）滤波后的输出电压

【工作原理】

（1）开关控制 VT 是调整管，工作在开关状态；G 是开关控制器，由它产生的矩形波信号为开关管的基极提供控制电压 u_B。当 G 输出高电平时，开关管 VT 饱和导通，发射极电压 $u_E \approx U_i$；当 G 输出为低电平时，开关管 VT 截止，发射极电压 $u_E = 0$。可见，连续的直流输入电压 U_i 变为断续的矩形波电压 u_E，如图 5-5b 中所示。用 t_{on} 表示调整管的导通时间，t_{off} 表示调整管的截止时间，则调整管开关周期 $T = t_{on} + t_{off}$，其中导通时间 t_{on} 与开关周期 T 之比定义为占空比 q，即 $q = t_{on}/T$。在开关周期 T 一定的情况下，调节导通时间的长短，可调节输出平均电压 U_o 的高低。

（2）续流滤波 将矩形电压变成平稳直流电压的环节，称为续流滤波。这个电路由二极管 VD、电感 L 和电容 C 组成。当开关管 VT 饱和导通时，$u_E \approx U_i$，VD 反偏截止，电流经 L、C 滤波并流过负载 R_L。开关管 VT 截止时，电感 L 产生自感电动势 e_L，极性如图 5-5a 所示。自感电动势 e_L 加在 R_L 和 VD 回路上，二极管 VD 导通，负载 R_L 中仍有电流通过，该二极管称为续流二极管。由此可见，由于 L、C 滤波和二极管 VD 的续流作用，负载 R_L 获得的是比较平稳的直流电压，如图 5-5b 中的 U_o 所示，从 U_o 的波形可看出，其纹波系数相对于串联调整型稳压电路稍大些。

（3）反馈控制　开关电路输出电压 U_o 亦是随 U_i 和 R_L 变化而变化的，为了达到稳压目的，电路中还应有反馈控制电路。在电路正常工作时，占空比 q 为某一定值，当输出电压 U_o 由于 U_i 上升或 R_L 增大而有增加趋势时，取样电路将 U_o 的变化送到 G 开关控制电路，使高电平作用时间 t_{on} 减小，从而使输出电压 U_o 基本稳定。反之，当 U_i 或 R_L 变化使 U_o 有减小趋势时，通过自动调节使占空比 q 增大，亦可使 U_o 基本稳定。

【开关型稳压电源的特点】　调整管工作于开关状态，用控制开关时间来实现 U_o 的调整与稳定，效率高，可省去工频变压器，体积小，重量轻。其不足是动态性能差，电路较复杂。

5.2.2　开关型集成稳压器

目前已有集成开关稳压器产品，下面介绍 Power 公司推出的 PWR-TOP 系列三端高压开关稳压器件。

【PWR 系列集成开关稳压器的特点】　PWR-TOP 集成开关稳压器的外形如图 5-6 所示。器件内部集成有振荡器、脉宽调制器、电源控制保护电路、起动电路和 U_{DS} 耐压大于 700V 的 MOS 场效应功率管等。它的三个引脚借用场效应晶体管引脚名称，分别为源极 S、漏极 D 和控制极 G。

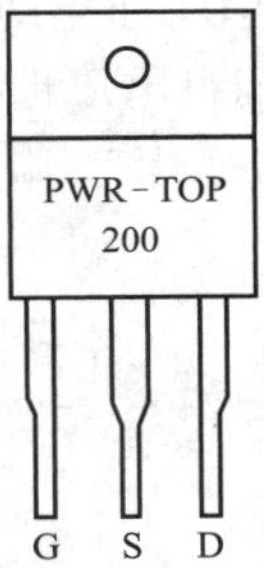

上述三端高压开关稳压器件，其漏极可承受很高的工作电压，而且正常工作电源范围宽，所以用这种器件设计的开关电源对工频交流 220V、50 Hz 的市电，很容易进行变换后输出各种稳定的直流电压。现有的开关电源系列产品有 PWR100-104 和 PWR200-204，其主要特性见表 5-1。

图 5-6　PWR-TOP 的外形

表 5-1　PWR 系列开关电源主要参数

参　数　名　称	参　数　值
输入电压	85～265V
输入频率	47～440Hz
工作温度	0～70℃
输出电压	设计决定
效率	87%～90%
输入稳压	输入电压 85～265V＜±1.5%（设计控制）
负载稳压	加载 10%～100%，±1%～±2%（设计控制）

【PWR200 型开关电源】

电路组成及元器件作用　图 5-7 所示为用三端高压开关器件 PWR-TOP200 设计的 5V 开关电源。220V 工频交流电经桥式整流滤波后加到图中 AB 端，AB 端输入的直流电压可为 95～275V，输出稳定电压 5V，输出功率最大可达 25W。该电源由 PWR200 型开关电源器件

V$_1$、脉冲变压器 T、低压整流和检测电路等组成。变压器一次绕组的两端与开关器件的漏极 D 相连，1 端接电源的输入端，形成了高频高压脉冲变换主回路；二次绕组（6、5 端）是一次高频脉冲电压经隔离后的低压绕组输出，再经二极管 VD$_4$ 整流，经 C_3、L_1、C_4 组成的 π 形滤波电路后输出直流电压 5V；二次绕组（3、4 端）是稳压输出的检测绕组，它两端的平均变化电压经 R_1 和 VD$_3$ 整流后送到开关器件的控制端 G。该控制信号有两个作用：一是电源起动和关闭保护功能电路；二是控制内部脉冲的占空比达到输出电压稳定。开关器件的源极 S 端接输入端的零电位。变压器处于高压高频（约 100kHz）开关状态，变压器工作时，由于电感的自感电动势和分布电容的存在，会导致在一次产生很高的尖峰电压，为了抑制这个电压，可在一次绕组上并联保护二极管 VD$_1$ 和 VD$_2$。

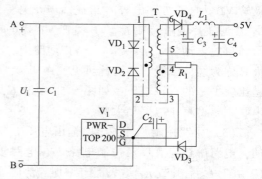

图 5-7　PWR200 型开关电源原理图

稳压过程　输出电压的控制电路是由变压器二次绕组 3、4 端、限流电阻 R_1、整流二极管 VD$_3$ 和起动电容 C_2 组成。当输入电压 U_i 增高或负载 R_L 增大而使 U_o 有增加趋势时，二次绕组电压也跟着增大，加到开关器件控制端的电流也相应增大，此时调整脉冲占空比使之减小，从而输出端电压下降，达到稳压目的。反之亦然。

5.3　技能实训　三端集成可调稳压器构成的直流稳压电源的组装与调试

【实训目的】
1. 熟悉三端集成可调稳压器的引脚功能。
2. 熟悉三端集成可调稳压器的使用方法及外部元器件参数的选择。
3. 学习利用三端集成可调稳压器制作稳压电源。
4. 学习测试稳压电源的性能。

【设备与材料】　三端集成可调稳压器构成的直流稳压电源电路元件明细见表 5-2。

表 5-2　三端集成可调稳压器构成的直流稳压电源电路元件明细表

序　号	名　　称	代　　号	型号规格	数　量
1	万用表		500 型	1
2	电烙铁		30W	1
3	整流二极管	VD$_1$ ~ VD$_4$	1N4007	4
4	二极管	VD$_5$、VD$_6$	1N4001	2
5	电源变压器	T	20W	1
6	集成稳压器	CW	CW317	1

（续）

序　号	名　　称	代　号	型号规格	数　量
7	电阻器	R_1	200Ω	1
8	电阻器	RP	2kΩ	1
9	电容器	C_o	1μF	1
10	电容器	C	4700μF	1
11	电容器	C_1	0.01μF	1
12	电容器	C_2	10μF	1
13	印制电路板			
14	导线		φ0.5mm	若干

【实训方法与步骤】

1. 安装电路

按照图5-8所示电路原理图，在实验板（或万能板）上连接电路。图5-9所示为稳压电源实物图，供参考。

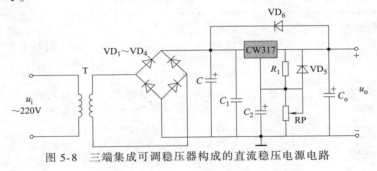

图 5-8　三端集成可调稳压器构成的直流稳压电源电路

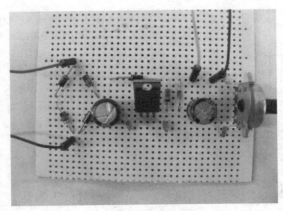

图 5-9　稳压电源实物图

1）元器件选择。
2）元器件识别、检测、整形。
3）焊接与连线。

2. 调试电路

1）对照电路原理图检查电路连线是否正确。

2）电路检查正确无误后，接通电源。

3. 性能测试

（1）输出电压与最大输出电流的测试　测试时，先使 $R_L = 18\Omega$，交流输入电压为220V，用万用表测量输出电压值 U_o。然后慢慢调小 R_L，直到 U_o 的值下降5%，此时流经 R_L 的电流就是 I_{omax}。

（2）输出电阻的测量　保持稳压电源的输入电压 $U_1 = 220V$，在不接负载 R_L 时测出开路电压 U_{o1}，此时 $I_{o1} = 0$，然后接上负载 R_L，测出输出电压 U_{o2} 和输出电流 I_{o2}，则输出电阻为

$$R_o = \frac{U_{o1} - U_{o2}}{I_{o2}}$$

（3）纹波电压的测试　用示波器观察 U_o 的峰峰值，测量 ΔU_{op-p} 的值。

【撰写实训报告】　实训报告内容包括实训数据记录，原理分析和记录数据分析等。

【实训考核评分标准】　实训考核评分标准见表5-3。

表5-3　实训考核评分标准

序号	项　　目	分值	评　分　标　准
1	二极管测试	10	1. 会正确使用万用表测量二极管的正反向电阻，正确判别两个电极。得10分 2. 不会使用万用表判别两个电极，扣10分。部分正确，酌情给分
2	三端集成稳压器测试	10	1. 正确判别集成稳压器的三个引脚，得10分 2. 不会判别集成稳压器的三个引脚，扣10分。部分正确，酌情给分
3	电路安装	30	1. 能正确选择电路元器件，布局合理，元器件整形美观，得15分 2. 焊接技术规范，焊点美观，无虚焊，试通电一次成功，得15分 3. 不能正确选择电路元器件，布局不合理，整形不规范，焊接技术差，一次通电不合格，适当扣分
4	电路调试	20	1. 能正确使用示波器、万用表测试波形和数据，得20分 2. 不能正确使用示波器、万用表测试波形和数据，适当扣分
5	安全文明操作	10	1. 工作台面整洁，工具摆放整齐，得5分 2. 严格遵守安全文明操作规程，得5分 3. 工作台面不整洁，违反安全文明操作规程，酌情扣分
6	实训报告	20	1. 实训报告内容完整、正确，质量较高，得20分 2. 内容不完整，书写不工整，适当扣分

小　　结

目前应用较多、较好的是集成稳压电源。尽管稳压器分为线性、开关两种类型，但它们实质上均是运用负反馈的思想稳定输出电压。开关型稳压电路的输出纹波电压比线性稳压电路高，且易引入干扰，但具有转换效率高、体积小、重量轻等突出优点，成为稳压电路发展的主要方向。

习　　题

5-1　填空题

1）利用单向导电元件，将正弦交流电压变成单向脉动直流电压的电路为_____。

2）滤波电路将单向脉动直流电压中的_____滤掉。

3）串联型直流稳压电路包括_____、_____、_____和_____。

4）CW7805 输出电压_____ V，而 CW7912 输出电压_____ V。

5）串联型稳压电源调整管工作在_____状态，开关电源调整管工作在_____状态。

5-2　判断题

1）直流电源是一种将正弦信号转换为直流信号的波形变换电路。（　　　）

2）直流电源是一种能量转换电路，它将交流能量转换为直流能量。（　　　）

3）一般情况下，开关型稳压电路比线性稳压电路效率高。（　　　）

4）整流电路可将正弦电压变为脉动的直流电压。（　　　）

5）线性直流电源中的调整管工作在放大状态，开关型直流电源中的调整管工作在开关状态。（　　　）

6）因为串联型稳压电路中引入了深度负反馈，因此也可能产生自激振荡。（　　　）

5-3　晶体管开关型稳压电路主要包括哪些组成部分，各部分起什么作用？

5-4　电路如图 5-10 所示，请进行合理连线，使之构成 5V 的直流电源。

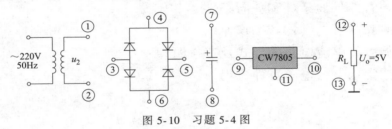

图 5-10　习题 5-4 图

5-5　在图 5-11 所示电路中，$R_1 = 240\Omega$，$R_2 = 3k\Omega$，CW117 输入端和输出端电压允许范围为 3~40V，输出端和调整端之间的电压 U_R 为 1.25V。试求：①输出电压的调节范围；②输入电压允许的范围。

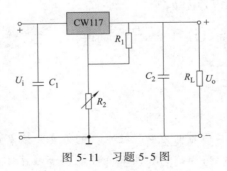

图 5-11　习题 5-5 图

第6章 电力电子器件及应用

本章导读

知识目标

1. 了解晶闸管、单结晶体管的结构、工作原理及伏安特性。
2. 掌握晶闸管的导通条件和关断条件。
3. 了解双向晶闸管的结构和工作原理。
4. 了解常见可控整流电路的形式及工作原理。
5. 了解其他常用电力电子器件应用。

技能目标

1. 会利用网络搜索查询晶闸管的主要参数。
2. 会识别晶闸管、单结晶体管。
3. 会用万用表测试晶闸管、单结晶体管。
4. 会安装、调试调光台灯电路。

6.1 晶 闸 管

话题引入

以电力为对象的电子技术称为电力电子技术。电力电子技术是一项能够实现对电流、电压、频率和相位等基本参数的精确控制和高效处理的高新技术。当前,电力电子作为节能、节材、自动化、智能化、机电一体化的基础,正朝着应用技术高频化、硬件结构模块化、产品性能绿色化的方向发展。在电力电子电路中能实现电能变换的半导体电子器件称为电力电子器件。1957 年美国通用电气公司开发出第一只晶闸管产品,它不是第一代电力电子器件,但是它的出现开辟了电力电子技术迅速发展和广泛应用的崭新时代。此后,在它的基础上,又发展起来了很多的电力电子器件。

晶闸管是一种有源开关器件，平时它保持在非导通状态，直到有一个较小的控制信号对其触发或称"点火"使其导通，一旦被点火就算撤离触发信号它也保持导通状态，要使其截止可将流过晶闸管的电流减少到某一值以下。它可以承受高电压、大电流，广泛应用于整流、逆变、变频、交流调压和无触点开关等装置中。晶闸管可分为普通晶闸管和各类不同用途的派生品（如双向晶闸管、可关断晶闸管、逆导晶闸管和光控晶闸管等），一般将普通晶闸管简称为晶闸管。

6.1.1 晶闸管的结构与外形

【晶闸管的体貌特征及代号】 晶闸管（V）又称可控硅（SCR）。它是一种大功率的半导体开关器件，它的外形有塑封式、螺栓式和平板式等，如图 6-1 所示。晶闸管有三个电极，即阳极 A、阴极 K 和门极 G。晶闸管的图形符号如图 6-2 所示。

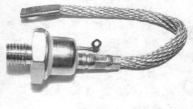
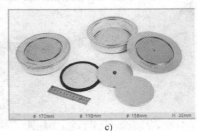

a)   b)   c)

图 6-1 晶闸管的外形

a）塑封式　b）螺栓式　c）平板式

【晶闸管的结构】 晶闸管的结构与等效电路如图 6-3 所示，它的管芯由 $P_1N_1P_2N_2$ 四层半导体构成，形成三个 PN 结 J_1、J_2、J_3。由 P_1 区引出阳极 A，从 P_2 区引出门极 G，从 N_2 区引出阴极 K。由于阳极 A 一般加正电压，阴极 K 加负电压，所以 J_1 为正偏，J_2 为反偏，J_3 为正偏。门极 G 不加控制电压时，由于 J_2 为反向偏置，所以阳极 A 与阴极 K 之间无电流通过。反之，若将阳极 A 加负电压，阴极 K 加正电压，则 J_1、J_3 为反偏，电流也无法通过。

图 6-2 晶闸管的符号

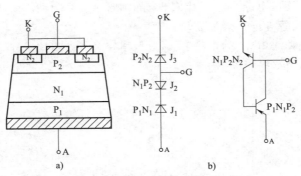

a)   b)

图 6-3 晶闸管的结构与等效电路

a）结构　b）等效电路

电力电子器件与普通电子器件的区别

1. 电力电子器件处理电功率的能力，一般远大于普通电子器件。

2. 电力电子器件一般工作在开关状态。

3. 电力电子器件往往需要由信息电子电路来控制。

4. 电力电子器件自身的功率损耗远大于信息电子器件，一般都要安装散热器。

6.1.2 晶闸管的导通与关断条件

实验告诉你：

晶闸管的导通与关断条件

/器材/ 晶闸管、灯泡、刀开关、电阻、电池

/内容及现象/

1）按图6-4所示连接电路，合上开关S，晶闸管A、K两端承受反向电压，处于阻断状态，此时灯泡不会亮。

2）按图6-5所示连接电路，不合上开关S，晶闸管A、K两端虽承受正向电压，但还是处于阻断状态，这时灯泡仍不会亮。

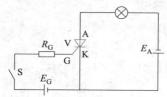

图6-4 晶闸管反向阻断

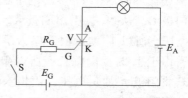

图6-5 晶闸管正向阻断

3）按图6-6所示连接电路，合上开关S，晶闸管A、K两端承受正向电压，同时G、K也承受正向电压，晶闸管导通，灯泡亮。

4）按图6-7所示连接电路，打开开关S，晶闸管A、K两端承受正向电压，即使G、K没有正向电压，晶闸管仍导通，灯泡继续亮。

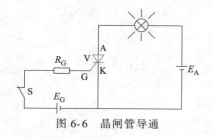

图6-6 晶闸管导通

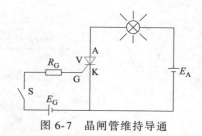

图6-7 晶闸管维持导通

/结论/ 在晶闸管 A、K 两端加正向电压，同时 G、K 两端也加有适当正向触发电压，晶闸管才能导通。晶闸管一旦导通后，门极就失去了控制作用，维持导通。

同样，可做下面实验：要使导通的晶闸管关断，可以切断电源 E_A，也可以调节 E_A 为零或对晶闸管加反向电压，使流过晶闸管的阳极电流小于维持电流。

6.1.3 晶闸管的主要参数

【额定正向平均电流 $I_{T(AV)}$】 指在规定的环境温度（+40℃）散热条件下，阳极和阴极之间允许连续通过的工频正弦半波（导通角不小于170°）电流的平均值。小功率晶闸管的 $I_{T(AV)}$ 约为几安培，大功率晶闸管的 $I_{T(AV)}$ 可以高达几千安培。

【额定电压 U_n】 指晶闸管的正向阻断峰值电压 U_{FRM} 和反向重复峰值电压 U_{RRM} 的小者所纳入的电压系列。

【正向阻断峰值电压 U_{FRM}】 指在额定结温和门极断开的情况下，允许重复加在晶闸管阳极与阴极之间的正向峰值电压。

【反向重复峰值电压 U_{RRM}】 指在额定结温和门极断开的情况下，允许重复加在晶闸管阳极与阴极之间的反向峰值电压。

【正向平均电压 $U_{F(AV)}$】 指在规定的环境温度和散热条件下，晶闸管通过额定正向平均电流时，阳极与阴极间的平均值，又称管压降，一般约为1V。这个电压越小，晶闸管导通时的功耗就越小。

【维持电流 I_H】 指在室温下，晶闸管被触发导通及门极开路时，要维持其导通状态所需的最小正向电流，一般为几十至几百毫安。当正向电流小于 I_H 时，晶闸管将自行关断。

6.1.4 给晶闸管做体检

【极性的判断】 将万用表置于 R×1k 或 R×100 档，如果测得其中两个电极的正向电阻较小，而交换表笔后测得反向电阻很大，那么以阻值较小的一次为准，黑表笔所接的就是门极 G，而红表笔所接的就是阴极 K，剩下的电极便是阳极 A。

【质量的判断】 将万用表置于 R×10 档，黑表笔接阳极，红表笔接阴极，指针应接近 ∞，如图 6-8 所示。当合上 S 时，表针应指向很小的阻值，约为 60～200Ω，表明单向晶闸管能触发导通；断开 S，表针无法回到 ∞，表明晶闸管是正常的（有些晶闸管因为维持电流较大，万用表的电流不足以维持它导通，当 S 断开后，表针会回到 ∞，也是正常的）。如果在 S 未合上时，阻值很小，或者在 S 合上时表针不动，表明晶闸管质量太差或已击穿、断极。

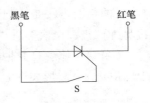

图 6-8　晶闸管质量的判断

6.1.5 晶闸管的触发电路

【晶闸管对触发电路的要求】 控制晶闸管导通的电路称为触发电路，对于触发电路通常有以下要求：

1）触发电路输出的脉冲必须具有足够的功率。

2）触发脉冲必须与晶闸管的主电压保持同步，即同时使 A、K 两端和 G、K 两端都加有正向电压。

3）触发脉冲能满足主电路移相范围的要求。

4）触发脉冲要具有一定的宽度，前沿要陡。

【触发电路的分类】　触发电路通常以组成的主要器件名称分类，可分为单结晶体管触发电路、晶体管触发电路、集成电路触发器、计算机控制数字触发电路等。

【触发延迟角 α】　晶闸管的阳极和阴极两端从开始承受正向电压到触发脉冲加到门极 G 使其导通，所具有的电角度称为触发延迟角 α。

【单结晶体管触发电路特点】　单结晶体管触发电路结构简单，输出脉冲前沿陡，抗干扰能力强，运行可靠，调试方便，广泛应用于对中小容量晶闸管的触发控制。

【单结晶体管外形及结构】　单结晶体管的结构、等效电路及其符号如图 6-9 所示。在一块高电阻率的 N 型硅片两端，用欧姆接触方式引出第一基极 b_1 和第二基极 b_2，在硅片靠近 b_2 极掺入 P 型杂质，形成 PN 结，由 P 区引出发射极 e。由以上结构可知，该器件只有一个 PN 结，所以称为单结晶体管。图 6-10 所示为常见单结晶体管的外形。

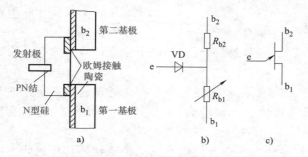
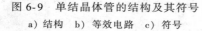

图 6-9　单结晶体管的结构及其符号
a）结构　b）等效电路　c）符号

图 6-10　常见单结晶体管的外形

【单结晶体管测试】　用万用表来判别单结晶体管的好坏比较容易，可选择 R×1k 电阻档进行测量，若某个电极与另外两个电极的正向电阻小于反向电阻，则该电极为发射极 e。b_1 与 b_2 的判断方法是，把万用表置于 R×100 档或 R×1k 档，用黑表笔接发射极，红表笔分别接另外两极，两次测量中，电阻大的一次，红表笔接的就是 b_1 极。

【单结晶体管自激振荡电路】　单结晶体管自激振荡电路如图 6-11a 所示。其输出到 R_1 上的电压 u_{R1} 波形如图 6-11b 所示。

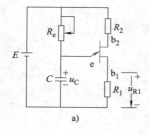
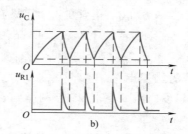

图 6-11　自激振荡电路及其波形

6.2 可控整流电路

　　整流是将交流电变换为直流电，最简单的整流电路我们在第一章已经学习过了，但是在实际应用中往往需要将交流电变换成大小可调的直流电。如果将普通整流电路中的二极管换成晶闸管，通过控制晶闸管的通断，就能改变输出直流电的大小。可控整流电路按结构可分为半波、全波和桥式等电路；按交流电源的相数分为单相和三相。由晶闸管组成的可控整流电路可以制作高电压大电流的直流电源，广泛用于直流调速系统。

6.2.1 单相半波可控整流电路

　　【电路结构】　图 6-12a 所示为单相半波电阻性负载可控整流电路，其触发电路是加了同步环节的单结晶体管振荡电路。为了使触发脉冲与电源电压的相位配合同步，我们采用一个同步变压器，它的一次侧接主电路电源，二次侧经二极管半波整流、稳压削波后得梯形波，作为触发电路电源，也作为同步信号。

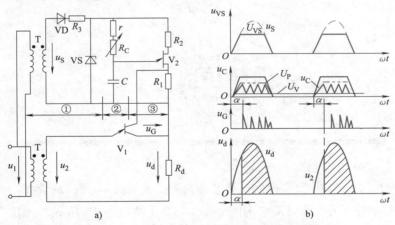

图 6-12　具有同步环节的单结晶体管触发电路

a）电路　b）波形

【工作原理】

　　（1）晶闸管导通原理　在 u_S 正半周，晶闸管承受正向电压，不加触发电压 u_G 时，晶闸管不会导通。当 $\omega t = \alpha$ 时，触发电路发出触发脉冲 u_G，晶闸管立即导通直到 $\omega t = \pi$，此期间电源电压全部加在 R_d 上，触发脉冲必须在电源电压每次过零后滞后 α 角出现。

　　（2）同步原理　当主电路电压过零时，触发电路的同步电压也过零，单结晶体管的 U_{BB} 电压也降为零，使电容 C 放电到零，保证了下一个周期电容 C 从零开始充电，起到了同步作用。从图 6-12b 可以看出，每周期中电容 C 的充放电不止一次，晶闸管由第一个脉冲触发导通，后面的脉冲不起作用。改变 R_C 的大小，可改变电容充电速度，达到调节 α 角的目的。若图中的负载电阻 R_d 为灯泡，则可以实现调光功能。

【相关电量计算】

1）负载上直流平均电压 U_d 与平均电流 I_d

$$U_d = 0.45 U_2 \frac{1+\cos\alpha}{2} \tag{6-1}$$

$$I_d = \frac{U_d}{R_d} \tag{6-2}$$

2）晶闸管两端可能承受的最大正反向电压 U_{TM}

$$U_{TM} = \sqrt{2} U_2 \tag{6-3}$$

例6-1 单相半波可控整流电路，电阻性负载。要求输出的直流平均电压在 50~92V 之间连续可调，由交流电网 220V 供电，试求触发延迟角 α 应有的可调范围。

解 由式（6-1）可得

当 $U_d = 50V$ 时

$$\cos\alpha = \frac{2\times 50}{0.45\times 220} - 1 \approx 0$$

$$\alpha = 90°$$

当 $U_d = 92V$ 时

$$\cos\alpha = \frac{2\times 92}{0.45\times 220} - 1 \approx 0.87$$

$$\alpha = 30°$$

所以，α 的可调范围为 30°~90°。

6.2.2 单相全控桥整流电路

【电路结构】 图6-13a为单相全控桥整流电路，电路由 4 只晶闸管 V_1、V_3 和 V_2、V_4 组成的两对桥臂、电源变压器 TR（图中未画出）及负载电阻 R_d 组成。变压器二次电压 u_2 接在桥臂的中点 a、b 端。

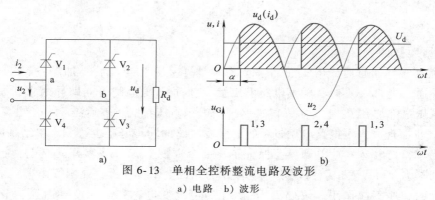

图6-13 单相全控桥整流电路及波形
a）电路 b）波形

【工作原理】

（1）正半周 当变压器二次电压 u_2 为正半周时，a 端电位高于 b 端电位，两个晶闸管 V_1、V_3 同时承受正向电压，如果此时门极无触发信号则两晶闸管均处于正向阻断状态。忽略晶闸管的正向漏电流，电源电压 u_2 将全部加在 V_1、V_3 上，每个晶闸管承受 $0.5u_2$ 电压。当 $\omega t = \alpha$ 时，给 V_1、V_3 同时加触发脉冲，两只晶闸管立即被触发导通，电源电压 u_2 将通过 V_1、V_3 加在负载电阻 R_d 上，负载电流 i_d 从电源 a 端经 V_1、电阻 R_d、V_3 回到电源的 b 端。在 u_2 正半周期，V_2、V_4 均承受反向电压而处于阻断状态。由于设晶闸管导通时管压降为零，则负载 R_d 两端的整流电压 u_d 与电源电压 u_2 正半周的波形相同。当电源电压 u_2 降到零时，电流 i_d 也降为零，V_1、V_3 关断。

（2）负半周 在 u_2 的负半周，b 端电位高于 a 端电位，V_2、V_4 承受正向电压，当 $\omega t = \pi + \alpha$ 时，同时给 V_2、V_4 加触发脉冲使其导通，电流从 b 端经 V_2、负载电阻 R_d 和 V_4 回到电源 a 端，在负载 R_d 两端获得与 u_2 正半周相同波形的整流电压和电流，这期间 V_1 和 V_3 均承受反向电压而处于阻断状态。当 u_2 过零重新变正时，V_2、V_4 关断，u_d、i_d 又降为零。此后 V_1 和 V_3 又承受正向电压，并在相应时刻 $\omega t = 2\pi + \alpha$ 被触发导通。如此循环工作，输出整流电压 u_d、电流 i_d 的波形如图 6-13b 所示。

总结 由以上电路工作原理可知，在交流电源电压 u_2 的正负半周里，V_1、V_3 和 V_2、V_4 两组晶闸管轮流被触发导通，将交流电转变成脉动的直流电。改变 α 角的大小，负载电压 u_d、电流 i_d 的波形及整流输出直流电压平均值均相应改变。

【相关电量计算】

1）输出直流电压平均值 U_d

$$U_d = 0.9 \frac{1+\cos\alpha}{2} U_2 \tag{6-4}$$

由式（6-4）知，直流平均电压 U_d 是控制角 α 的函数，是单相半波时的两倍。当 $\alpha = 0°$ 时，$U_d = 0.9U_2$ 为最大值；$\alpha = \pi$ 时，$U_d = 0$，故 α 的移相范围为 $180°$。

2）输出直流电流平均值 I_d

$$I_d = U_d / R_d \tag{6-5}$$

3）晶闸管电流平均值 I_{dT}

两组晶闸管 V_1、V_3 和 V_2、V_4 在一个周期中轮流导通，故流过每个晶闸管的平均电流为负载平均电流 I_d 的一半，即

$$I_{dT} = \frac{1}{2} I_d = 0.45 \frac{U_2}{R_d} \frac{1+\cos\alpha}{2} \tag{6-6}$$

4）晶闸管两端可能承受的最大正反向电压 U_{TM}

$$U_{TM} = \sqrt{2} U_2 \tag{6-7}$$

6.2.3 三相可控整流电路简介

【电路结构】 三相可控整流电路可分为三相半波可控整流电路、三相全控桥整流电路和三相半控桥整流电路等。它们的电路形式如图 6-14、图 6-15 和图 6-16 所示，各电路的参数如表 6-1。

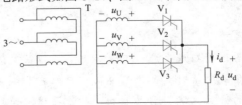

图 6-14 三相半波可控整流电路

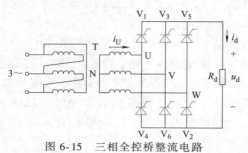

图 6-15　三相全控桥整流电路　　　　　图 6-16　三相半控桥整流电路

表 6-1　三相可控整流电路工作数据表

可控整流主电路		三相半波	三相全控桥	三相半控桥
$\alpha = 0°$ 时,直流输出电压平均值 U_{d0}		$1.17U_2$	$2.34U_2$	$2.34U_2$
$\alpha \neq 0°$ 时,空载直流输出电压平均值 U_d	电阻负载或电感负载有续流二极管的情况	当 $0 \leq \alpha \leq \pi/6$ 时 $U_{d0}\cos\alpha$ 当 $\pi/6 \leq \alpha \leq 5\pi/6$ 时 $0.675\,U_2[1+\cos(\alpha+\pi/6)]$	当 $0 \leq \alpha \leq \pi/3$ 时 $U_{d0}\cos\alpha$ 当 $\pi/3 \leq \alpha \leq 2\pi/3$ 时 $U_{d0}[1+\cos(\alpha+\pi/3)]$	$\dfrac{1+\cos\alpha}{2}U_{d0}$
	电阻加大电感的情况	$U_{d0}\cos\alpha$	$U_{d0}\cos\alpha$	$\dfrac{1+\cos\alpha}{2}U_{d0}$
$\alpha = 0°$ 时的脉冲电压	最低脉动频率	$3f$	$6f$	$6f$
	脉动系数 K_f	0.25	0.057	0.057
晶闸管承受的最大正反向电压		$\sqrt{6}\,U_2$	$\sqrt{6}\,U_2$	$\sqrt{6}\,U_2$
移相范围	电阻负载或电感负载有续流二极管的情况	$0 \sim \dfrac{5}{6}\pi$	$0 \sim \dfrac{2}{3}\pi$	$0 \sim \pi$
	电阻加大电感的情况	$0 \sim \pi/2$	$0 \sim \pi/2$	不采用
晶闸管最大导通角		$\dfrac{2}{3}\pi$	$\dfrac{2}{3}\pi$	$\dfrac{2}{3}\pi$
特点与适用场合		最简单,但器件承受电压高,对变压器或交流电源因存在直流分量,故较少采用或用在小功率的场合	各项整流指标好,用于电压控制要求高或要求逆变的场合。但晶闸管要6只触发,比较复杂	各项整流指标好,适用于较大功率、高电压场合

6.3　双向晶闸管及交流调压

话题引入

　　在实际应用中,晶闸管还能组成交流、直流开关电路以及交流调压电路。过去,人们常使用的电磁式开关在断开负载电路时,会产生电弧,电弧容易烧坏触头,也给操作增加了危险系数。而由晶闸管组成的开关电路具有无触点、动作迅速、使用寿命长等优点,因此近年来得到广泛应用。晶闸管做交流开关时，可以用两只普通晶闸管反向并联，但因需要的管子多，给电路设计及散热片设计都带来了不便，也使电路很庞大。在这种情况下，双向晶闸管应运而生。目前，它已广泛应用在电动机的调速、调光、温控等领域。

6.3.1 双向晶闸管

【结构和符号】 双向晶闸管的外形与普通晶闸管类似，也有塑封式、螺栓式和平板式几种。双向晶闸管是 N-P-N-P-N 五层三端器件，它有三个电极，主电极 T_1 和 T_2，另一个电极为门极 G。双向晶闸管的实物外形、结构和符号如图 6-17 所示。

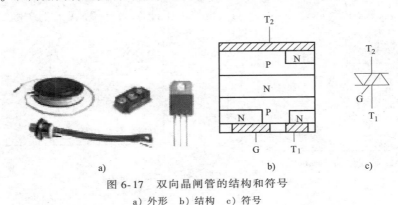

图 6-17 双向晶闸管的结构和符号
a) 外形 b) 结构 c) 符号

【工作特点】 双向晶闸管的主电极 T_1 和 T_2 无论加正向电压还是反向电压，其门极 G 与 T_1 极之间的触发信号无论是正向还是反向，它都能被"触发"导通。

双向晶闸管的电极识别及质量判别

1) 首先确定 T_2 门极 G 与 T_1 之间的距离较近，其正、反向电阻都很小，用万用表 R×1 档测量 G～T_1 间的电阻仅几十欧，而 G 与 T_2、T_1 与 T_2 之间的反向电阻均为无穷大，那么，当测出某脚和其他两脚都不通时，就能确定该脚为 T_2 极。有散热板的双向晶闸管 T_2 极往往与散热板相通。

2) 区分 G 与 T_1 极 确定 T_2 后，假设用黑表笔接 T_1 极，红表笔接 T_2 极，把 T_2 与 G 极瞬时短接一下（给 G 加上负触发信号），电阻值若为 10Ω 左右，证明管子已导通，导通方向为 T_1→T_2，上述假设正确。若万用表没有指示，电阻值仍为无穷大，说明管子没有导通，假设错误，可改变两极连接表笔再测；如果把红表笔接 T_1 极，黑表笔接 T_2 极，然后将 T_2 与 G 极瞬时短接一下（给 G 加上正触发信号），电阻值如为 10Ω 左右，管子为导通，导通方向为 T_2→T_1。

【双向晶闸管的主要参数】 双向晶闸管的主要参数中只有额定电流与普通晶闸管有所不同，其他参数定义与普通晶闸管均相似。由于双向晶闸管工作在交流电路中，正反向电流都可以流过，所以它的额定电流不是用平均值，而是用有效值（方均根值）来表示，定义为：在标准散热条件下，当器件的单向导通角大于 170° 时，允许流过器件的最大交流正弦电流的有效值，用 $I_{T(RMS)}$ 表示。

6.3.2 交流调压

单相交流调压电路可由一只双向晶闸管组成，也可以用两只普通晶闸管反向并联组成。由双向晶闸管组成的单相交流调压电路线路简单、成本低，在工业加热、灯光控制、小容量感应电动机调速等场合得到广泛应用。

【电路结构】 如图 6-18a 所示，交流电源经由一只双向晶闸管连接电阻负载构成主电路。

【工作原理】

正半波 当电源电压为正半波时，在 $\omega t = \alpha$ 时，晶闸管 V 被触发导通，便有电流 i 流过负载电阻 R，负载上有电压 u_R。当 $\omega t = \pi$ 时，电源电压过零，$i = 0$，V 自行关断，$u_R = 0$。

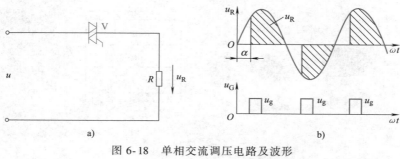

图 6-18 单相交流调压电路及波形
a）电路 b）波形

负半波 在电源的负半波 $\omega t = \pi + \alpha$ 时，再次触发 V 导通，负载电阻得到反向电流，u_R 变为负值。在 $\omega t = 2\pi$ 时，$i = 0$，V 又自行关断，u_R 为零。

总结 一个周期结束，下个周期重复上述过程，在负载电阻上就得到缺角的交流电压波形，如图 6-18b 所示。通过改变 α 可得到不同的输出电压的有效值，从而达到交流调压的目的。

【实用电路】 图 6-19 所示为双向晶闸管实用调压电路，图中 V_1 为双向触发二极管，改变 RP 即可调整双向晶闸管的触发延迟角 α，达到负载电阻 R_L 两端电压可调的目的。

【相关电量计算】 根据理论推导，输出交流电压有效值 U_R 和电流有效值 I 计算公式为

$$U_R = U \sqrt{\frac{1}{2\pi}\sin 2\alpha + \frac{\pi - \alpha}{\pi}} \qquad (6-8)$$

$$I = \frac{U_R}{R} = \frac{U}{R}\sqrt{\frac{1}{2\pi}\sin 2\alpha + \frac{\pi - \alpha}{\pi}} \qquad (6-9)$$

图 6-19 双向晶闸管调压电路

式中，U 为输入交流电压有效值。

6.4 其他电力电子器件简介

话题引入

前面讲的晶闸管，通过门极控制信号可以控制其导通，但无法控制其关断，因此，我们

称其为半控型器件。通过控制信号既可以控制其导通，又可以控制其关断的电力电子器件被称为全控型器件。全控型器件发展迅速、品种繁多，目前常见的有门极可关断晶闸管（GTO）、电力晶体管（GTR）、电力场效应晶体管（Power MOSFET）、绝缘栅双极型晶体管（IGBT）等。

6.4.1　门极关断晶闸管

门极关断晶闸管简称 GTO，它具有普通晶闸管的全部优点，如耐压高、电流大等；同时它又是全控型器件，即在门极正脉冲电流触发下导通，在负脉冲电流触发下关断。

【外形和符号】　GTO 的内部结构与普通晶闸管相似，都是 PNPN 四层三端结构，外部引出阳极 A、阴极 K 和门极 G 三个电极，外形如图 6-20a 所示。和普通晶闸管不同的是，GTO 是一种多元胞的功率集成器件，内部包含数十个甚至数百个共阳极的小 GTO 元胞，这些 GTO 元胞的阴极和门极在器件内部并联在一起，使器件的功率可以达到相当大的数值，图 6-20b 所示为 GTO 的电气符号。

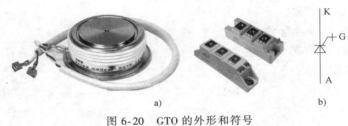

a)　　　　　　　　　　　　　　　　　　b)

图 6-20　GTO 的外形和符号

a）外形　b）符号

【工作原理】　GTO 的导通机理与普通晶闸管完全一样，GTO 一旦导通之后，门极信号是可以撤除的，但在制作时采用特殊的工艺使管子导通后处于临界饱和状态，而不像普通晶闸管那样处于深饱和状态，这样就可以用门极负脉冲电流破坏临界饱和状态使其关断，因此，在关断机理上与普通晶闸管是不同的。门极加负脉冲即从门极抽出电流（即抽取饱和导通时储存的大量载流子），强烈的正反馈使器件退出饱和而关断。

【应用场合】　作为一种全控型电力电子器件，GTO 主要用于直流变换和逆变等需要器件强迫关断的地方，电压、电流容量较大，与普通晶闸管相近，达到兆瓦数量级。

6.4.2　电力晶体管

电力晶体管简称 GTR，是一种耐高电压、大电流的双极型晶体管。它是一种全控型电力电子器件，具有控制方便、开关时间短、高频特性好、价格低廉的优点。

【外形结构和符号】　GTR 的结构与普通晶体管基本一样，也是由三层半导体、两个 PN 结构成，引出的三个电极分别为基极 B、集电极 C 和发射极 E，分为 NPN 型和 PNP 型两种。其外形、结构和电气符号如图 6-21 所示。

【工作原理】　在共发射极接法中，GTR 有三个工作区，饱和区、截止区和放大区。在电力电子技术中，电流控制型器件主要工作于开关状态。GTR 是用基极电流来控制集电极电流的，当给基极注入驱动电流，使基极电流 $I_B > 0$ 时，发射结正偏，GTR 处于大电流饱和导通状态；当给基极加入一个负脉冲，使基极电流 $I_B < 0$ 时，发射结反偏，GTR 处于截止状

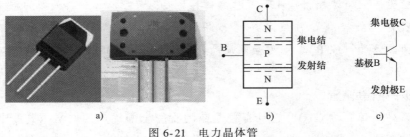

图 6-21　电力晶体管

a) 外形　b) 结构　c) 电气符号

态又称阻断状态。GTR 常用开通、导通、关断、阻断 4 个名词术语表示其不同的工作状态，导通和阻断是表示 GTR 接通和断开的两种稳定工作情况；开通和关断则表示 GTR 由断到通、由通到断的动态工作过程。

【应用场合】　GTR 具有自关断能力，并有开关时间短、饱和压降低和安全工作区宽等特点。近几年来，由于 GTR 实现了高频化、模块化、廉价化，因此，被广泛用于交流电动机调速、不停电电源和中频电源等电力变流装置中。

6.4.3　电力 MOS 场效应晶体管

电力 MOS 场效应晶体管简称 P-MOSFET，它是电压控制器件，具有驱动功率小、控制线路简单、工作频率高的特点。

【外形结构和符号】　电力 MOS 场效应晶体管的导电沟道也分为 N 沟道和 P 沟道。栅偏压为零时，漏源之间就存在导电沟道的称为耗尽型，栅偏压大于零（N 沟道）时，才存在导电沟道的称为增强型。下面我们以 N 沟道增强型为例，说明功率场效应晶体管的结构。图 6-22 所示为其外形、结构和电气符号。

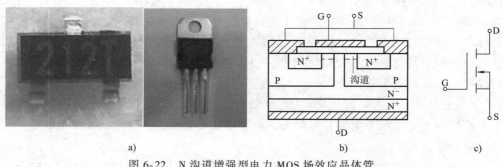

图 6-22　N 沟道增强型电力 MOS 场效应晶体管

a) 外形　b) 结构　c) 电气符号

【工作原理】　当漏极接电源正极，源极接电源负极，栅源之间电压为零或为负时，P 型区和 N^- 型漂移区之间的 PN 结反向，漏源之间无电流流过。如果在栅极和源极加正向电压 U_{GS}，由于栅极是绝缘的，不会有栅流，但栅极的正电压所形成电场的感应作用却会将其下面 P 型区中的少数载流子电子吸引到栅极下面的 P 型区表面。当 U_{GS} 大于某一电压值 U_T 时，栅极下面 P 型区表面的电子浓度将超过空穴浓度，使 P 型半导体反型成 N 型半导体，沟通了漏极和源极，形成漏极电流 I_D。电压 U_T 称为开启电压，U_{GS} 超过 U_T 越多，导电能力越强。漏极电流 I_D 越大。

【应用场合】 目前电力 MOS 场效应晶体管的耐压可达 1000V，电流为 200A，开关时间为 13ns，因此，它在小容量机器人传动装置、荧光灯镇流器及各类开关电路中应用极为广泛。

6.4.4 绝缘栅双极型晶体管

绝缘栅双极型晶体管简称为 IGBT，是 20 世纪 80 年代中期发展起来的一种新型复合器件。IGBT 综合了 P-MOSFET 和 GTR 的优点，具有输入阻抗高、工作速度快、通态电压低、阻断电压高、承受电流大的优点。

【外形结构和符号】 图 6-23a 所示为 IGBT 模块外形，图 6-23b 所示为 IGBT 的结构示意图，它是在 P-MOSFET 的基础上增加了一个 P$^+$ 层漏极，形成 PN 结 J$_1$，并由此引出集电极 C，其他两个极为栅极 G 和发射极 E，图 6-23c 所示为电路符号。

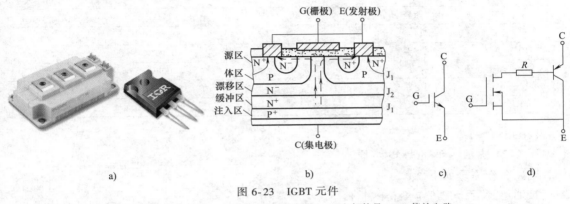

图 6-23 IGBT 元件

a）IGBT 模块外形 b）IGBT 结构示意图 c）电气符号 d）等效电路

从结构示意图可见，IGBT 相当于以 GTR 为主导元件、以 MOSFET 为驱动元件的达林顿结构。其简化等效电路如图 6-23d 所示。

【工作原理】 IGBT 的开通和关断是由栅极电压来控制的。栅极施以正电压时，MOSFET 内形成沟道，从而使 IGBT 导通。在栅极上施以负电压时，MOSFET 内的沟道消失，IGBT 关断。

【应用场合】 目前 IGBT 产品已系列化，最大电流容量达 1800A，最高电压等级达 4500V，工作频率达 50kHz，IGBT 综合了 MOSFET 和 GTR 的优点，其导通电阻是同一耐压规格的 P-MOSFET 的 1/10，开关时间是同容量 GTR 的 1/10。在电动机控制、中频电源、各种开关电源以及其他高速低损耗的中小功率领域，IGBT 有取代 GTR 和 P-MOSFET 的趋势。

6.5 技能实训 制作家用调光台灯

【实训目的】

1. 学会识别晶闸管、单结晶体管。

2. 掌握用万用表测试晶闸管、单结晶体管的基本方法。

3. 熟悉调光灯电路原理。

4. 会安装调光台灯电路。

5. 会调试调光台灯电路。

【设备与材料】 调光台灯电路元件明细见表6-2。

表6-2 调光台灯电路元件明细表

序　　号	名　　称	代　　号	型号规格	数　　量
1	万用表		500 型	1
2	电烙铁		30W	1
3	整流二极管	$VD_1 \sim VD_4$	1N4007	4
4	单结晶体管	VU	BT33	1
5	晶闸管	V	3CT151	1
6	电阻器	R_1、R_3	100Ω	2
7	电阻器	R_2	470Ω	1
8	电阻器	R_4	1kΩ	1
9	灯泡	HL	25W/220V	1
10	电容器	C	0.1μF	1
11	带开关电位器	RP	100kΩ	1
12	印制电路板			1
13	导线			若干

【工作原理】

图 6-24 所示为调光灯电路原理图,电路工作原理如下。

接通电源后,交流电经桥式整流后给单向晶闸管阳极提供正向电压,并经过 R_2、R_3 加在单结晶体管的基极上,同时经过电阻 R_1、RP 和 R_4 给电容器 C 充电,当 C 两端的电压大于单结晶体管的导通电压时,单结晶体管导通,给晶闸管提供一个触发脉冲信号,调节电位器 RP,就可以改变单向晶闸管的触发延迟角 α 的大小,从而改变输出电压的大小,这样就可以改变白炽灯的亮暗。

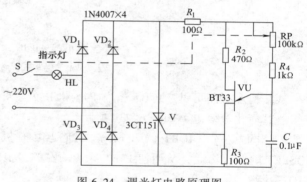

图 6-24 调光灯电路原理图

【实训方法与步骤】

1. 观察晶闸管、单结晶体管的外部形状。

2. 用万用表来判别晶闸管,将万用表置于 R×1k 或 R×100 档,如果测得其中两个电极的正向电阻较小,而交换表笔后测得反向电阻很大,那么以阻值较小的一次为准,黑表笔所接的就是门极 G,而红表笔所接的就是阴极 K,剩下的电极便是阳极 A。再按 6.1 节介绍的方法判断晶闸管的好坏。

3. 用万用表来判别单结晶体管。可选择 R×1k 欧姆档进行测量,若某个电极与另外两个电极的正向电阻小于反向电阻,则该电极为发射极 e。b_1 与 b_2 的判断方法是,把万用表置于 R×100 档或 R×1k 档,用黑表笔接发射极,红表笔分别接另外两极,两次测量中,电阻大的一次,红表笔接的就是 b_1 极。

4. 安装电路。按照图 6-24 所示的调光灯电路原理图，在实验板（或单面印制板）上连接电路。图6-25所示为调光灯电路实物示意图，供参考。

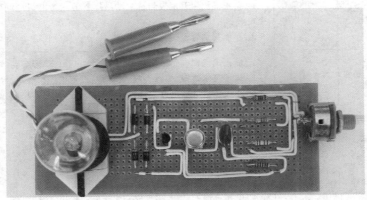

图 6-25　调光灯电路实物示意图

1）合理选择元器件，整形，插装元器件并焊接。

2）电路连线，注意电源线的连接并做好绝缘处理。

5. 调试与检测电路。

1）通电前检查：对照电路原理图检查整流二极管、晶闸管、单结晶体管的连接极性及电路的连线。

2）试通电：闭合开关，调节 RP，观察电路的工作情况。如正常则进行下一环节检测。

3）通电检测：调节 RP 的值，观察白炽灯亮度的变化，用万用表交流电压档测白炽灯两端的电压，并且断开交流电源，测出 RP 的阻值，记入表 6-3 中。

表 6-3　测试记录

状　　态	白炽灯两端电压	断开交流电源,测 RP 值	测试中出现的问题及排除方法
白炽灯微亮			
白炽灯最亮			

【分析与思考】

1. 晶闸管在每个电压周期导通的时间越长，白炽灯越亮，对吗？

2. 能否用双向晶闸管制作调光灯电路？画出其电路图。

【撰写实训报告】　实训报告内容包括实训数据记录，原理分析和记录数据分析等。

【实训考核评分标准】　实训考核评分标准见表 6-4。

表 6-4　实训考核评分标准

序号	项　目	分　值	评　分　标　准
1	晶闸管测试	20	1. 会正确使用万用表测量晶闸管的三个电极之间的电阻,正确判别 3 个电极,得 10 分 2. 能判别管子质量好坏,得 10 分 3. 不能判别三个电极,扣 10 分,不能判别管子质量好坏,扣 10 分。部分正确,酌情给分

(续)

序号	项　目	分　值	评　分　标　准
2	单结管测试	10	1. 会正确使用万用表测量单结晶体管的三个电极之间的电阻,正确判别3个电极,得10分 2. 不能判别管子的三个电极,扣10分。部分正确,酌情给分
3	电路安装	30	1. 能正确选择电路元器件,布局合理,元器件整形美观,得15分 2. 焊接技术规范,焊点美观,无虚焊,试通电一次成功,得15分 3. 不能正确选择电路元器件,布局不合理,整形不规范,焊接技术差,一次通电不合格,适当扣分
4	电路调试	10	1. 能正确使用示波器、万用表测试波形和数据,得10分 2. 不能正确使用示波器、万用表测试波形和数据,适当扣分
5	安全文明操作	15	1. 工作台面整洁,工具摆放整齐,得5分 2. 严格遵守安全文明操作规程,得10分 3. 工作台面不整洁,违反安全文明操作规程,酌情扣分
6	实训报告	15	1. 实训报告内容完整、正确,质量较高,得15分 2. 内容不完整,书写不工整,适当扣分

小　结

晶闸管是一种常用的电力电子器件。晶闸管只有在阳极和阴极间加正向电压,同时在门极和阴极间加正向触发电压时,它才会导通。晶闸管一旦导通后,门极便失去控制作用,要使导通的晶闸管关断,必须将阳极电压降低,使通过阳极的电流减小到低于维持电流。

利用单结晶体管和RC电路组成的振荡电路可以为晶闸管提供触发信号,这种电路比较简单实用,但触发功率较小。

利用晶闸管的单向可控导电性可以实现可控整流,提供大容量的可调直流电源,广泛用于直流电动机的调速。常用的电路有:单相桥式可控整流电路和三相桥式可控整流电路。

双向晶闸管是一种交流开关,常用于交流调压和交流开关电路中。

习　题

6-1　填空题

1) 晶闸管具有_____电极,分别是_____、_____、_____。

2) 双向晶闸管具有_____电极,分别是_____、_____、_____。

3) 晶闸管的 A、K 两端加_____电压,同时 G、K 两端加_____电压才能导通。

4) 单相可控整流电路输出电压是_____的。

6-2　选择题

1) 晶闸管是_____控制器件。

A. 电压　　　　　　B. 电流　　　　　　C. 功率

2) GTR 是_____控制器件。

A. 电压　　　　　　B. 电流　　　　　　C. 功率

3) 双向晶闸管是_____控制器件。

A. 电压　　　　　　B. 电流　　　　　　C. 功率

4）IGBT 是_____控制器件。

A. 电压　　　　　　B. 电流　　　　　　C. 功率

5）P-MOSFET 是_____控制器件。

A. 电压　　　　　　B. 电流　　　　　　C. 功率

6）单相桥式可控整流电路中，输出到负载电阻 R_L 上最大直流平均电压等于_____。

A. $0.9U_2$　　　　　B. $1.4U_2$　　　　　C. $2.34U_2$

7）三相桥式可控整流电路中，输出到负载电阻 R_L 上最大直流平均电压等于_____。

A. $0.9U_2$　　　　　B. $1.4U_2$　　　　　C. $2.34U_2$

6-3　判断题

1）晶闸管在电路中是作开关用的。（　　　）

2）单结晶体管在电路中是作电流放大用的器件。（　　　）

3）双向晶闸管主要用在交流调压和交流开关电路中。（　　　）

4）可控整流电路可以做成高电压、大电流的直流电源。（　　　）

6-4　如何用万用表测试晶闸管的好坏？

6-5　普通晶闸管导通的条件是什么？导通后要怎样才能使其重新关断？

6-6　晶闸管导通后，其输出电流的大小取决于什么因素？

6-7　晶闸管可控整流电路的触发电路必须具备哪几个基本环节？有哪些基本要求？

6-8　画出图 6-26 所示电路的负载电阻 R_d 上的电压波形？

6-9　单相全控桥整流电路如图 6-13 所示。已知：$U_2 = 220V$，$R_d = 4\Omega$。试求：当 $\alpha = 60°$ 时，负载两端的电压 U_d 值和电流 I_d 值。

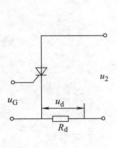
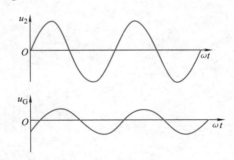

图 6-26　习题 6-8 图

下　篇

数字电子技术

第7章 数字电路基础

本章导读

知识目标

1. 掌握数字信号的表示方法，了解数字信号在日常生活中的应用。
2. 掌握二进制、十六进制数的表示方法；能进行二进制、十进制、十六进制数之间的相互转换。
3. 掌握与门、或门、非门基本逻辑门的逻辑功能，了解与非门、或非门、与或非门等复合逻辑门的逻辑功能，会画电路符号，会使用真值表。

技能目标

1. 会对集成门电路进行功能测试。
2. 能根据要求，合理选用集成门电路。

7.1 数字电路概述

 话题引入

数字电路不仅广泛应用于现代通信、互联网、雷达、医疗设备、检测设备、数控机床、交通、电力、新型武器、航空航天等领域，而且已经深入到千家万户的日常生活，从手机、手表、计算机到数字电视、智能家电、电子商城、网上银行等。数字电路正在引发一场巨大的技术革命。

7.1.1 模拟信号与数字信号

在工程实践中，通常将电信号分为模拟信号与数字信号两大类。

【模拟信号】 模拟信号是指在时间和数值上都连续变化的信号，如图 7-1 所示。例如，常见的模拟信号电压和电流等。

【数字信号】 数字信号是指在时间和数值上都断续变化的信号，如图 7-2 所示。其信号表现为一系列由高低电平组成的脉冲波，所以数字信号也称为脉冲信号。

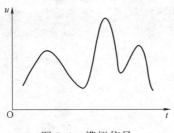

图 7-1 模拟信号

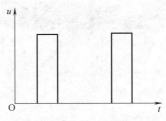

图 7-2 数字信号

【数字信号的表示】 在数字电路中，我们只关心信号的有无和电平的高低。例如，电流的有和无，电灯的亮和灭等，常用二进制数字来表示，用数字"1"表示有信号或者高电平，用数字"0"表示无信号或者低电平，至于高低电平的精确值则无关紧要。这里 1 和 0 只是一种形式符号，没有大小之分，只代表两种对立的逻辑状态。

7.1.2 模拟电路和数字电路

【定义】 处理和传输模拟信号的电路称为模拟电路。处理和传输数字信号的电路称为数字电路。

数字电路的优点：

1. 数字电路便于高度集成化。

2. 抗干扰能力强，可靠性高。

3. 可直接用于计算机处理。

4. 方便压缩，节省存储资源。

5. 数字信息容易加密处理，保密性好。

7.2 数制和码制

 话题引入

数字信号通常都是用数码形式给出的。用数码表示数量大小时，仅用一位数码往往是不够用的，因此经常需要用进位计数制的方法组成多位数码。我们把多位数码中每一位的构成方法以及从低位到高位的进位规则称为数制。在数字电路中经常使用的数制除了我们最熟悉的十进制以外，更多的是使用二进制和十六进制。

不同的数码不仅可以用来表示数量的不同大小，而且可以用来表示不同的事物或事物的不同状态。在用于表示不同事物的情况下，这些数码已经不再具有表示数量大小的含义了，它们只是不同事物的代号而已。这些数码称为代码。例如在举行长跑比赛时，为便于识别运动员，通常要给每一位运动员编一个号码。显然，这些号码仅仅表示不同的运动员而已，没有数量大小的含义。

为了便于记忆和查找，在编制代码时总要遵循一定的规则，这些规则就称为码制。

7.2.1 数制

数制是用以表示数值大小的方法。人们是按照进位的方式来计数的，称为进制。常用的进制有十进制、二进制、十六进制等。

【十进制】 十进制是我们最熟悉的计数制，按"逢十进一"的原则计数，它有 0~9 十个数码，它的基数为 10。当数码处于不同位置时，它所表示的数值也不相同。

例如：十进制数 $(898.6)_{10}$ 可表示为

$$(898.6)_{10} = 8\times10^2+9\times10^1+8\times10^0+6\times10^{-1}$$

【二进制】 二进制采用两个基本数码 0 和 1，按"逢二进一"的原则计数，它的基数为 2。

例如：二进制数 $(101110.11)_2$ 可表示为

$$(101110.11)_2 = 1\times2^5+0\times2^4+1\times2^3+1\times2^2+1\times2^1+0\times2^0+1\times2^{-1}+1\times2^{-2}$$

【十六进制】 在十六进制数中，按"逢十六进一"计数，基数为 16，十六个数码是 0、1、2、3、4、5、6、7、8、9、A、B、C、D、E、F。

例如：十六进制数 $(9FE.3A)_{16}$ 可表示为

$$(9FE.3A)_{16} = 9\times16^2+15\times16^1+14\times16^0+3\times16^{-1}+10\times16^{-2}$$

【不同数制间的转换】

二进制转换为十六进制 四位二进制数可以组合为 0~15 十六个数字符号，所以用四位二进制数正好可以表示一位十六进制数。

二进制数转换为十六进制数方法：以小数点为界，将二进制数整数部分从低位开始，小数部分从高位开始，每四位一组，首尾不足四位的补零，然后将每组四位二进制数用一位十六进制数表示。

例如：将二进制数 $(10110100111100.01001)_2$ 转换为十六进制数。

$$(0010,1101,0011,1100.0100,1000)_2 = (2D3C.48)_{16}$$

十六进制转换为二进制数 与上面的转换方法相反，将一位十六进制数用四位二进制数表示即可。

例如：将十六进制数 $(4FB.CA)_{16}$ 转换为二进制数。

$$(4\,FB.CA)_{16} = (010011111011.11001010)_2$$

十进制转换为二进制、十六进制 将十进制整数转换为二进制数一般采用除 2 取余法。将十进制小数转换为二进制数一般采用乘 2 取整法。具体方法是将十进制整数连续除以二进制的基数 2，取得各次的余数，将先得到的余数列在低位，后得到的余数列在高位，即得二进制的整数。十进制小数则是连续乘以二进制的基数 2，求得各次乘积的整数部分，将其转换为二进制的数字符号，先得到的整数列在高位，后得到的整数列在低位，即得到二进制的小数。

十进制转换为十六进制的方法与十进制转换为二进制的方法相同，只是基数为 16 而已。

例 7-1 将十进制数 $(342.6875)_{10}$ 分别转换为二进制数、十六进制数。

解：整数部分 $(342)_{10} = (101010110)_2 = (156)_{16}$

```
2 │ 342
2 │ 171    …0          16 │ 342
2 │ 85     …1          16 │ 21     …6
2 │ 42     …1          16 │ 1      …5
2 │ 21     …0              0      …1
2 │ 10     …1
2 │ 5      …0
2 │ 2      …1
2 │ 1      …0
    0      …1
```

小数部分　$(0.6875)_{10} = (0.1011)_2 = (0.B)_{16}$

```
      0.6875                 0.6875
×        2              ×       16
   1.3750    …1          11.0000    …11
   0.3750
                        (11)_{10} = (B)_{16}
×        2
   0.7500    …0
×        2
   1.5000    …1
   0.5000
×        2
   1.0000    …1
```

所以　$(342.6875)_{10} = (101010110.1011)_2 = (156.B)_{16}$

二进制、十六进制转换为十进制　通常在表示二进制、十进制和十六进制数时，数字后面的下标分别用 B、D 和 H。

例 7-2　分别将 $(1001111)_B$、$(8E)_H$ 转换为十进制数。

解：$(1001111)_B = 1×2^6 + 0×2^5 + 0×2^4 + 1×2^3 + 1×2^2 + 1×2^1 + 1×2^0 = (79)_D$

$(8E)_H = 8×16^1 + 14×16^0 = (142)_D$

7.2.2　码制

在数字系统中，各种数据、信息、文档、符号等，都用二进制数字符号来表示。这个过程称为编码。这些特定的二进制数字符号称为二进制代码。

【BCD 码制】　用四位二进制代码表示一位十进制数的编码方法，称为二-十进制代码，或称 BCD 码。BCD 码有多种形式，常用的有 8421 码、2421 码、5421 码、余 3 码等。

8421BCD 码是最常用的。8421BCD 码是恒权代码，用四位二进制代码表示一位十进制数，从高位到低位各位的权分别为 8、4、2、1，即 2^3、2^2、2^1、2^0，与普通四位二进制数权值相同。但在 8421BCD 码中只利用了四位二进制数 0000～1111 十六种组合的前十种 0000～1001 分别表示 0～9 十个数码，其余六种组合 1010～1111 是无效的。8421 码与十进制间直接按各位转换。例如：

$$(86)_D = (10000110)_{8421BCD}$$

【ASCII 码】 字符代码是对常用字母、符号进行的编码。常用的字符代码有 ASCII 码（美国标准信息交换码）。

ASCII 码是七位二进制数组合成的编码，它能表示 0～9 十个数字码、二十六个英文字母、各种常用符号及字符等，目前已被确认为国际标准代码。

7.3 逻辑代数

 话题引入

逻辑代数是由英国数学家乔治·布尔在十九世纪中叶创立的，他提出用代数的方法来研究、证明、推理逻辑问题，故又称布尔代数。在逻辑代数中，每一个变量只有 0、1 两种取值，0 和 1 不再具有数量的概念，仅是代表两种对立逻辑状态的符号。逻辑代数是分析和设计数字电路的数学工具。

7.3.1 逻辑代数的基本概念

设某一逻辑系统输入逻辑变量为 A_1，A_2，$\cdots$，A_n，输出逻辑变量为 Y。当 A_1，A_2，$\cdots$，A_n 取值确定后，Y 的值就唯一地被确定下来，则称 Y 是 A_1，A_2，$\cdots$，A_n 的逻辑函数。函数式为

$$Y = f(A_1, A_2, \cdots, A_n)$$

逻辑变量和逻辑函数都只有 0 和 1 两种取值。

7.3.2 逻辑代数的基本运算法则

在逻辑代数中，逻辑变量的两种取值"0"和"1"不再表示具体数值的大小，而是两种对立的逻辑状态，如开和关，有和无等。逻辑代数的基本运算有"与""或""非"三种，其他复杂的逻辑运算都可以演变为这三种基本运算。

【"与"运算】 "与"运算又称为"逻辑乘"。它所对应的逻辑关系为：只有决定事物结果的几个条件同时满足时，结果才会发生。

图 7-3a 所示的开关电路中，只有当开关 A 和 B 都闭合，灯 Y 才亮；A 和 B 中只要有一个断开，灯就灭。

如果以开关闭合作为条件，灯亮作为结果，图 7-3a 所示的电路可以表示这样一种因果关系："只有当决定一件事情（灯亮）的所有条件（开关 A、B）都具备（都闭合），这件事情才能实现。"这种关系称为"与"逻辑，记为

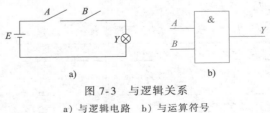

图 7-3 与逻辑关系
a）与逻辑电路 b）与运算符号

$$Y = A \cdot B \tag{7-1}$$

式中的"·"表示"与运算"或"逻辑乘",与普通代数中的乘号一样,它可以省略不写。与运算的逻辑符号如图 7-3b 所示。

与运算的运算规则为

$$0 \cdot 0 = 0, \ 0 \cdot 1 = 0, \ 1 \cdot 0 = 0, \ 1 \cdot 1 = 1$$

与运算还可以用真值表来表示。所谓真值表,就是将逻辑变量各种可能取值的组合及其相应逻辑函数值列成的表格。例如,对图 7-3a 可列出真值表 7-1。

如果一个电路的输入、输出端能实现与运算,则此电路称为"与门"。与门的符号也就是与运算的符号。根据与门的逻辑功能,还可画出其波形图,如图 7-4 所示。

表 7-1　与运算真值表

A	B	Y
0	0	0
0	1	0
1	0	0
1	1	1

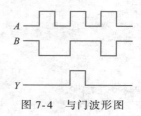

图 7-4　与门波形图

【"或"运算】　"或"运算又称为"逻辑加",它的逻辑关系为:在决定事物结果的所有条件中,只要具备一个或一个以上的条件时,结果就会发生。

图 7-5a 所示的开关电路中,开关 A 和 B 只要有一个闭合,灯 Y 就亮。

如果以开关闭合作为条件,灯亮作为结果,图 7-5a 所示的电路可以表示这样一种因果关系:"决定一件事情(灯亮)的所有条件(开关 A、B)只要有一条具备(开关 A 闭合或开关 B 闭合),这件事情就能实现。"这种关系称为"或"逻辑,记为

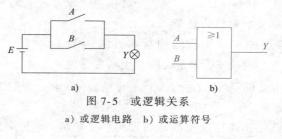

图 7-5　或逻辑关系
a)或逻辑电路　b)或运算符号

$$Y = A + B \tag{7-2}$$

式中的"+"表示"或运算"或"逻辑加",或运算的逻辑符号如图 7-5b 所示。

或运算的运算规则为

$$0 + 0 = 0, \ 0 + 1 = 1, 1 + 0 = 1, 1 + 1 = 1$$

如果一个电路的输入、输出端能实现或运算,则此电路称为"或门"。或门的符号也就是或运算的符号。根据或门的逻辑功能,还可画出其波形图,如图 7-6 所示。或运算真值表见表 7-2。

表 7-2　或运算真值表

A	B	Y
0	0	0
0	1	1
1	0	1
1	1	1

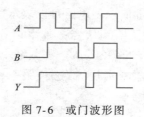

图 7-6　或门波形图

【"非"运算】 "非"运算又称为"非逻辑"。它的逻辑关系为：当决定一件事情的条件不具备时，这件事情才会发生。

图 7-7a 所示的开关电路中，当开关 A 闭合时，灯 Y 不亮；当开关 A 断开时，灯 Y 亮。电路的因果关系是："条件具备（开关 A 闭合）与事情的实现（灯亮）刚好相反。"这种关系称为"非"逻辑，记为

$$Y = \overline{A} \tag{7-3}$$

式中，字母 A 上方的横线表示"非运算"，非运算的逻辑符号如图 7-7b 所示。

图 7-7　非逻辑关系
a）非逻辑电路　b）非运算符号

非运算的运算规则为

$$\overline{0} = 1, \quad \overline{1} = 0$$

如果一个电路的输入、输出端能实现非运算，则此电路称为"非门"。非门的符号也就是非运算的符号。根据非门的逻辑功能，还可画出其波形图，如图 7-8 所示。非运算真值表见表 7-3。

表 7-3　非运算真值表

A	Y
0	1
1	0

图 7-8　非门波形图

【复合逻辑运算】 用"与""或""非"三种基本逻辑运算组合可以构成"与非""或非""与或非""异或""同或"等复合逻辑，并构成相应的"复合逻辑门"电路。

与非逻辑　将"与"和"非"运算组合在一起可以构成"与非运算"，或称"与非逻辑"。与非运算的真值表见表 7-4，与非门真值表实验用仿真可通过扫一扫二维码观看，其逻辑函数表达式为

$$Y = \overline{A \cdot B \cdot C} \tag{7-4}$$

我们把输入、输出能实现与非运算的电路，称为"与非门"电路，如图 7-9 所示。与非门的符号、逻辑功能和与非运算相同。

表 7-4　与非逻辑真值表

A	B	C	Y
0	0	0	1
0	0	1	1
0	1	0	1
0	1	1	1
1	0	0	1
1	0	1	1
1	1	0	1
1	1	1	0

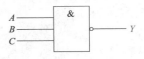

图 7-9　与非运算符号

实验告诉你：

与非门功能测试

/器材/ 用 Multisim 仿真软件建立如图 7-10 所示的实验电路，图中，S_1、S_2 为逻辑开关，A、B、Y 为逻辑探头。

/内容及现象/

1. 单击仿真开关运行动态分析。通过逻辑开关 S_1、S_2 在与非门的输入端加上 0 或 1，观察与非门的输出端逻辑探头的明暗变化，如图 7-11 所示。

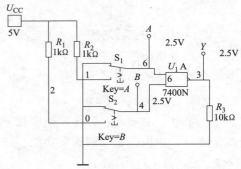

图 7-10 测试与非门真值表实验电路 1

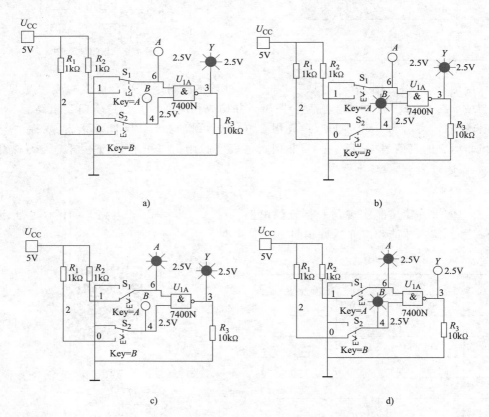

a)

b)

c)

d)

图 7-11 与非门输入端取不同电平时输出端的状态

a) 输入 00，输出为 1 b) 输入 01，输出为 1 c) 输入 10，输出为 1 d) 输入 11，输出为 0

2. 建立如图 7-12 所示的测试与非门真值表实验电路，XLC1 为逻辑转换器。

双击逻辑转换器图标即可弹出其面板，再分别单击面板上部的 A、B 输入端，在下面窗口即出现输入信号组合，这时按下右侧的 ⊐▷ → 1|0|1 按钮，则可出现完整的真值表。如图 7-13 所示。

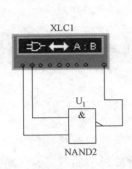

图 7-12 测试与非门真值表实验电路 2

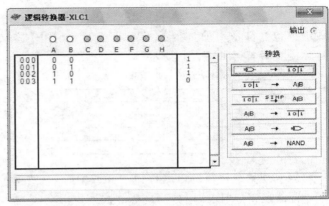

图 7-13 逻辑转换器输出的真值表

/结论/ 从以上两个不同的仿真实验，可得到与非门的功能为：有 0 出 1，全 1 为 0。

或非逻辑 将"或"和"非"运算组合在一起则可以构成"或非运算"，或称"或非逻辑"。或非运算的真值表见表 7-5，其逻辑表达式为

$$Y = \overline{A + B + C} \tag{7-5}$$

我们把输入、输出能实现或非运算的电路称为"或非门"，如图 7-14 所示，或非门的符号和逻辑功能与或非运算相同。

表 7-5 或非逻辑真值表

A	B	C	Y
0	0	0	1
0	0	1	0
0	1	0	0
0	1	1	0
1	0	0	0
1	0	1	0
1	1	0	0
1	1	1	0

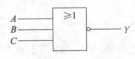

图 7-14 或非运算符号

与或非逻辑 将"与""或""非"三种运算组合在一起则可以构成"与或非运算"，或称"与或非逻辑"。逻辑表达式为

$$Y = \overline{A \cdot B + C \cdot D} \tag{7-6}$$

实现与或非运算的电路称为"与或非门"，如图 7-15 所示，其逻辑符号和与或非运算的符号相同。

异或逻辑　"异或运算"也称"异或逻辑"，它是两个变量的逻辑函数。其逻辑关系是：当输入不同时，输出为1，当输入相同时，输出为0。异或运算的真值表见表7-6，其函数表达式为

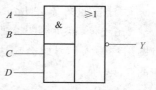

图7-15　与或非运算符号

$$Y = A\bar{B} + \bar{A}B = A \oplus B \qquad (7\text{-}7)$$

式中，运算符号"$\oplus$"表示"异或运算"，读作"异或"。异或运算的逻辑符号如图7-16所示。

表7-6　异或逻辑真值表

A	B	Y
0	0	0
0	1	1
1	0	1
1	1	0

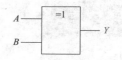

图7-16　异或运算符号

能实现异或运算的电路称为"异或门"。其逻辑符号和异或运算的符号相同。

同或逻辑　"同或运算"也称"同或逻辑"，它也是两个变量的逻辑函数。其逻辑关系是：当输入相同时，输出为1；输入不同时，输出为0。同或运算的真值表见表7-7，函数表达式为

$$Y = AB + \bar{A}\bar{B} = A \odot B \qquad (7\text{-}8)$$

式中，符号"$\odot$"表示"同或运算"，读作"同或"。同或运算的逻辑符号如图7-17所示。

表7-7　同或逻辑真值表

A	B	Y
0	0	1
0	1	0
1	0	0
1	1	1

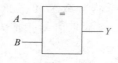

图7-17　同或运算符号

从同或运算真值表可知，异或运算求反称作同或运算，即异或运算与同或运算互为反函数。能实现同或运算的电路称为"同或门"。其逻辑符号和同或运算的符号相同。

正逻辑与负逻辑　在逻辑电路中有两种逻辑体制：用"1"表示高电位，"0"表示低电位的称为正逻辑体制（简称正逻辑）；用"1表示低电位，"0"表示高电位的称为负逻辑体制（简称负逻辑）。

一般情况下，如无特殊说明，一律采用正逻辑。

7.3.3　逻辑代数的基本公式和常用公式

【逻辑代数的基本公式】　根据基本逻辑运算，可推导出逻辑代数的基本公式，见表7-8。

利用上述基本公式可以推导出一些常用公式，以应用于逻辑函数的化简。

公式1：　　　　$A \cdot B + A \cdot \bar{B} = A$ 　　　　　　　　　　　　　　(7-9)

公式2：　　　　$A + A \cdot B = A$ 　　　　　　　　　　　　　　(7-10)

公式3：　　　　$A + \bar{A} \cdot B = A + B$ 　　　　　　　　　　　(7-11)

公式4：　　　　$A \cdot B + \bar{A} \cdot C + B \cdot C = A \cdot B + \bar{A} \cdot C$ 　　　(7-12)

表 7-8 逻辑代数的基本公式

定律名称	逻辑关系表达式	
0—1律	$A \cdot 1 = A$	$A + 1 = 1$
	$A \cdot 0 = 0$	$A + 0 = A$
互补律	$A \cdot \overline{A} = 0$	$A + \overline{A} = 1$
交换律	$A \cdot B = B \cdot A$	$A + B = B + A$
结合律	$A(BC) = (AB)C$	$A + (B + C) = (A + B) + C$
分配律	$A(B + C) = AB + AC$	$A + BC = (A + B)(A + C)$
重叠律	$A \cdot A = A$	$A + A = A$
反演律	$\overline{A \cdot B} = \overline{A} + \overline{B}$	$\overline{A + B} = \overline{A} \, \overline{B}$
还原律	$\overline{\overline{A}} = A$	

7.3.4 逻辑函数化简

【化简的意义和最简标准】 逻辑函数化简的目的是利用上述公式、规则和图形，通过等价逻辑变换，使逻辑函数式成为最简式，从而使用最少的元器件，实现设计的数字电路的逻辑功能。

最简式的标准是指表达式中项数最少，而且每项内变量的个数也是最少。

【公式化简法】 公式化简是利用逻辑函数的基本公式、定律、常用公式化简函数，消去函数式中多余的乘积项和每个乘积项中多余的因子，使之成为最简"与或"式。公式化简过程中常用以下几种方法：

（1）吸收法 利用公式：$A + AB = A$ 消去多余的乘积项 AB。

如：$Y = AB + ABCD = AB(1 + CD) = AB$

（2）并项法 利用公式：$A + \overline{A} = 1$，将两项合并为一项，消去一个变量。

如：$Y = ABC + A\overline{B}C + A\overline{C} = AC(B + \overline{B}) + A\overline{C} = AC + A\overline{C} = 1$

（3）消去冗余项法 利用公式：$AB + \overline{A}C + BC = AB + \overline{A}C$，将冗余项 BC 消去。

如：$Y = A\overline{B} + \overline{A}C + \overline{B}CD = A\overline{B} + \overline{A}C + \overline{B}C + \overline{B}CD = A\overline{B} + \overline{A}C + \overline{B}C(1 + CD)$

$\qquad = A\overline{B} + \overline{A}C$

（4）配项法

利用公式：$A + \overline{A} = 1$，某项乘以等于 1 的项，配上所缺的因子，便于化简。

利用公式：$A + A = A$，为使某项能合并。

利用公式：$A \cdot \overline{A} = 0$，添加等于 0 的项，便于合并。

如：$Y = A\overline{B} + B\overline{C} + BC + \overline{A}B = A\overline{B} + B\overline{C} + BC(A + \overline{A}) + \overline{A}B(C + \overline{C})$

$\qquad = A\overline{B} + B\overline{C} + ABC + \overline{A}BC + \overline{A}BC + \overline{A}B\overline{C} = A\overline{B}(1 + C) + B\overline{C}(1 + \overline{A}) + \overline{A}C(B + \overline{B})$

$\qquad = A\overline{B} + B\overline{C} + \overline{A}C$

7.4 集成逻辑门介绍

 话题引入

早期的门电路均是由单个分立元器件（如电阻、电容、二极管和晶体管等元器件）连接而成的。在数字技术领域里广泛使用的数字集成电路，主要有 TTL 集成逻辑门电路和 CMOS 集成逻辑门电路，对集成逻辑门电路，主要应掌握它的逻辑功能、外部特性，以便应用。

7.4.1 TTL 集成逻辑门

TTL 集成逻辑门电路是指：晶体管-晶体管逻辑门电路，它的输入端和输出端都是由晶体管构成。由于采用集成工艺，电路元件及连线互不分离地结合在一片硅片上，所以集成门电路具有体积小、重量轻、功耗低、负载能力强、抗干扰能力好等优点，从而得到了广泛的应用。

我国生产的 TTL 集成电路主要有 5 大系列，详见表 7-9。其中，CT74LS 系列为现代主要应用产品，ALS 系列的工作速度和功耗都很低。

表 7-9　TTL 集成电路主要产品系列

产 品 系 列	名 称	国 标 型 号
TTL	基本型中速 TTL	CT54/74
HTTL	高速 TTL	CT54/74H
STTL	肖特基 TTL	CT54/74S
LSTTL	低功耗肖特基 TTL	CT54/74LS
ALSTTL	先进低功耗肖特基 TTL	CT54/74ALS

7.4.2 CMOS 集成逻辑门

【MOS 逻辑门的分类】　MOS 器件的基本结构有 N 沟道和 P 沟道两种，相应地有三种逻辑门电路：由 PMOS 管构成的 PMOS 门电路、由 NMOS 管构成的 NMOS 门电路和由 PMOS 管与 NMOS 管构成的互补型 CMOS 门电路。其中，CMOS 门电路特别适用于通用逻辑电路设计，故应用最广泛，实际应用中多为 CMOS 门电路。

【CMOS 门的特点】　CMOS 门电路与 TTL 门电路相比具有功耗低、抗干扰能力强和输出幅度大等优点，特别适用于大规模数字集成电路（如存储器和微处理器）的设计制造。

CMOS 集成电路产品系列见表 7-10。

表 7-10　CMOS 集成电路主要产品系列

产 品 系 列	名 称	国 标 型 号
CMOS	互补场效应晶体管型	CC4000
HC	高速 CMOS	CT54/74HC
HCT	与 TTL 兼容的高速 CMOS	CT54/74HCT

【CMOS 集成门的外形】　CMOS 集成门电路的外形封装与 TTL 集成门电路相同，如图

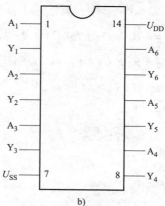

A_1 1		14 U_{DD}
Y_1		A_6
A_2		Y_6
Y_2		A_5
A_3		Y_5
Y_3		A_4
U_{SS} 7		8 Y_4

a)　　　　　　　　　　　　　　　b)

图 7-18　CD4069 的外形及引脚排列图

a）外形　b）引脚排列图

7-18所示的 CD4069 为六反相器。为与 TTL 集成门电路区别，共用电源正端用 U_{DD}（14 脚）表示，共用接地端用 U_{SS}（7 脚）表示。

 阅 读 材 料

集成逻辑门电路使用注意事项

【TTL 与 CMOS 逻辑门电路之间的接口】 TTL 和 CMOS 两种门电路可能存在电平高低差异，因此在两种电路之间应有接口电路，保证电路的正常工作。

【TTL 与 CMOS 的外接负载】 在实际应用中往往需要用 TTL 或 CMOS 电路去驱动指示灯、发光二极管（LED）及其他显示器等负载。一般 TTL 或 CMOS 电路输出端可直接驱动 LED 等一类负载，如图 7-19a、b 所示。若需较大的负载电流，则需加接一至二级驱动电路，如图 7-19c、d 所示。

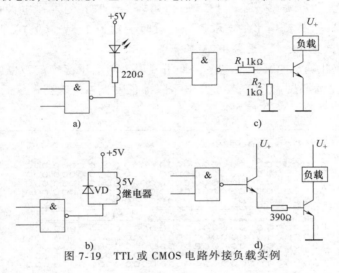

图 7-19 TTL 或 CMOS 电路外接负载实例

【多余输入端的处理】 集成逻辑门电路在使用时，一般不让多余的输入端悬空，以防止干扰信号引入。对多余输入端的处理以不改变电路工作状态及稳定可靠为原则。

对于 TTL 与非门，一般可将多余的输入端通过上拉电阻接电源正端；对 CMOS 电路，多余输入端可根据需要使之接地（或非门）或接电源正端（与非门）。

7.5 技能实训 门电路逻辑功能测试

【实训目的】

1. 验证常用集成门电路的逻辑功能。

2. 掌握各种基本门电路的逻辑符号。

3. 了解集成电路的外引脚及使用方法。

【设备与材料】 门电路逻辑功能测试设备与材料明细见表 7-11。

【实训准备】 集成逻辑门电路是最简单、最基本的数字集成元件。目前，已有种类齐全的集成门电路，如"与非门""或门""非门""与门"等。TTL 集成电路由于工作速度

表 7-11 门电路逻辑功能测试设备与材料明细表

序号	名 称	代 号	型 号 规 格	数量
1	四 2 输入与非门	IC$_1$	74LS00	1
2	六反向器	IC$_2$	74LS04	1
3	四 2 输入异或门	IC$_3$	74LS86	1
4	直流稳压电源			1
5	万用表			1
6	连接导线		ϕ0.5mm	数根
7	面包板			1
8	集成电路起拔器			1

较高、输出幅度较大、种类多、不易损坏而使用较广，TTL 的工作电源电压为 5V±0.5V，逻辑高电平 1 时≥2V（即高电平的下限值。空载时一般为 3.6V 以上），低电平 0 时≤0.8V（即低电平的上限值。空载时一般为 0.2V 以下）。

1）测试门电路逻辑高电平或低电平，可用万用表测电压值确定，也可用自制的"逻辑电平笔"测试（红色发光二极管亮表示高电平；绿色发光二极管亮表示低电平）。

2）集成块（双列式）插入面包板的位置如图 7-20 所示。

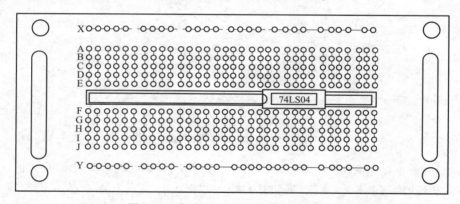

图 7-20 集成块（双列式）插入面包板

集成块外引脚的识别方法是：将集成块正对准使用者，以凹口左边或小标志点"·"为起始脚 1，逆时针方向数 1，2，3，…，n 脚，如图 7-21 所示。使用时，查找 IC 手册即可知各引脚功能。

注意："1"脚位置不能插错，插集成块时，用力均匀插入。拔起集成块时，须使用专用起拔器。

3）连接导线时，为了便于区别，最好用有色导线区分输入电平的高低。例如，红色导线接高电平，表示输入为"1"；黑色导线接低电平，表示输入为"0"。（逻辑"1"为 3.6V 或通过 1 只 1kΩ 电阻接在+5V 电源上；逻辑"0"是直接接地）

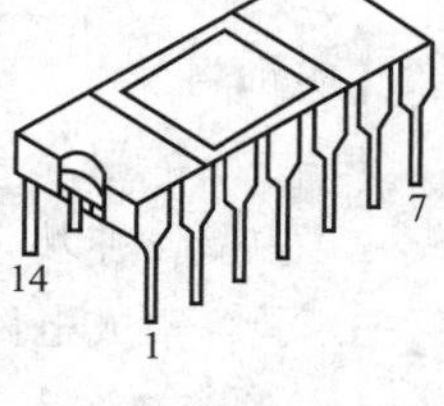

4）用直流稳压电源做实验时，调节输出电压为+5V，作为集成块

图 7-21 集成块外引脚的识别方法

U_{CC}用。

5）实验前应熟悉被测集成门电路的引线排列图（参考图7-22~图7-24），反相器功能测试仿真和异或门逻辑功能测试仿真可通过扫一扫二维码观看。

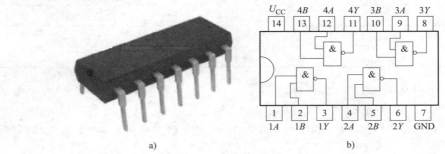

图7-22 74LS00 四2输入与非门

a）实物图 b）引脚排列图

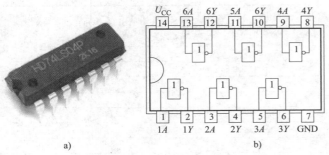

图7-23 74LS04 六反相器

a）实物图 b）引脚排列图

图7-24 74LS86 四2输入异或门

a）引脚排列图 b）实物图

【实训方法与步骤】

1. 非门（74LS04）逻辑功能测试。

1）将74LS04正确地插入面包板，接通电源。

2）按表7-12所列输入信号，测出相应的输出逻辑电平，填入表7-12中并写出逻辑表达式。

3）实训完毕，用起拔器拔出集成块。

表 7-12　74LS04 逻辑功能测试

输　入　状　态	输　出　状　态
0	
1	
悬空	

2. 与非门（74LS00）逻辑功能测试。

1）将 74LS00 正确地插入面包板，接通电源。

2）按表 7-13 所列输入信号，测出相应的输出逻辑电平，填入表 7-13 中并写出逻辑表达式。

3）实验完毕，用起拔器拔出集成块。

表 7-13　74LS00 逻辑功能测试

输　入　状　态		输　出　状　态
输入端 1	输入端 2	
0	0	
0	1	
1	0	
1	1	
0	悬空	
1	悬空	
悬空	0	
悬空	1	
悬空	悬空	

3. 74LS86 四二输入异或门逻辑功能测试。

1）将 74LS86 正确地插入面包板，接通电源。

2）按表 7-14 所列输入信号，测出相应的输出逻辑电平，填入表 7-14 中并写出逻辑表达式。

逻辑表达式 $Y=$ _____

3）实训完毕，用起拔器拔出集成块。

表 7-14　74LS86 逻辑功能测试表

1A	1B	1Y	2A	2B	2Y	3A	3B	3Y	4A	4B	4Y
0	0		0	0		0	0		0	0	
0	1		0	1		0	1		0	1	
1	0		1	0		1	0		1	0	
1	1		1	1		1	1		1	1	

4. 组合新功能逻辑门电路的实训。

用 74LS00 四 2 与非门中的三个两输入与非门实现一个或门，即 $A+B=\overline{\overline{A+B}}=\overline{\overline{A}\cdot\overline{B}}$

1）写出逻辑表达式。

2）画出接线图。

【分析与思考】

1. 集成 TTL 与非门有哪些主要参数？

2. 说明使用集成 TTL 和 CMOS 器件时多余的引脚如何处理。

【撰写实训报告】 实训报告内容包括实训过程记录，调试数据分析等。

【实训考核评分标准】 实训考核评分标准见表 7-15。

表 7-15　实训考核评分标准

序号	项　　目	分值	评　分　标　准
1	集成门电路的引脚识别	20	1. 能正确识别集成门电路 74LS00、74LS04 和 74LS86 的引脚，得 20 分 2. 不能识别者视情节扣分
2	集成门电路的功能测试	40	1. 按 4 个实训步骤要求，每正确完成一种测试，得 10 分 2. 每有一个步骤测试不正确，扣 10 分，部分正确，酌情扣分
3	安全文明操作	20	1. 工作台面整洁，工具摆放整齐，得 10 分 2. 严格遵守安全文明操作规程，得 10 分 3. 工作台面不整洁，违反安全文明操作规程，酌情扣分
4	实训报告	20	1. 实训报告内容完整、正确，质量较高，得 20 分 2. 内容不完整，书写不工整，适当扣分

小　　结

1. 在数字电路中广泛采用二进制。二进制只有 0 和 1 两个数字符号，这里 0 和 1 只是一种形式符号，没有大小之分，只代表两种对应的逻辑状态。

2. 用二进制数字符号表示文字、符号及一些操作，称为编码。常用码制有 BCD 码、ASCII 码等。

3. 数字电路的输入变量和输出变量之间的关系，可以用逻辑代数来描述。最基本的逻辑运算是与、或、非。逻辑代数的基本公式和规则，是化简逻辑函数的数学工具。

4. TTL 和 CMOS 电路特点。

1）TTL 电路具有较高的工作速度，较强的抗干扰能力和一定的负载能力。它的系列产品较多。

2）CMOS 电路具有功耗小，电源电压范围宽，抗干扰能力强，制造工艺简单、集成度高以及负载能力强等特点，因此 CMOS 电路的应用范围迅速扩大到工业控制设备及民用电子产品等领域。

3）TTL 电路和 CMOS 电路之间的连接应注意满足电平匹配和电流匹配两个条件。

习　　题

7-1　填空题

1）二进制数是以_____为基数的计数体制，十进制数是以_____为基数的计数体制，十六进制数是以_____为基数的计数体制。

2）十进制数转换为二进制数的方法是：整数部分用_____法，小数部分用_____法。

3）基本逻辑运算有三种，分别是_____、_____、_____。

4）常用的复合逻辑运算有_____、_____、_____、_____、_____。

5）最简式的标准是指表达式中_____最少，而且每项内_____最少。

7-2　选择题

1）1010 的基数是（　　　）。

A. 10　　　　　　　　　B. 2　　　　　　　　　C. 16　　　　　　　　　D. 任意数

2）二进制整数最低位的权值是（　　　）。

A. 0　　　　　　　　　B. 1　　　　　　　　　C. 2　　　　　　　　　D. 4

3）十进制计数制包含（　　　）个数字。

A. 6　　　　　　　　　B. 10　　　　　　　　　C. 16　　　　　　　　　D. 32

4）逻辑函数 $Y = A \oplus B$ 的反函数是（　　　）。

A. $\overline{Y} = \overline{A} \oplus B$　　　　B. $\overline{Y} = A \oplus \overline{B}$　　　　C. $\overline{Y} = \overline{A \oplus B}$　　　　D. A、B、C 都是

5）使函数 $Y = \overline{A + B}\ \overline{C}(A + B)$ 为 1 的变量取值是（　　　）。

A. 0、0、1　　　　　B. 1、0、1　　　　　C. 0、1、1　　　　　D. 1、1、1

7-3　判断题

1）二进制数的权值是 10 的幂。（　　　）

2）BCD 码是用 4 位二进制数表示 1 位十进制数。（　　　）

3）二进制数转换为十进制数的方法是各位加权系数之和。（　　　）

4）2 输入或非门的一个输入端接低电平时，可构成非门。（　　　）

5）同或门一个输入端接高电平时，可作反相器使用。（　　　）

7-4　将下列各数转换为二进制数。

$(48)_{10}$　　　　$(798)_{10}$　　　　$(3DF)_{16}$　　　　$(F3B)_{16}$

7-5　将下列二进制数转换为十进制数和十六进制数。

$(11011001)_2$　　　　　　　$(1011011)_2$

7-6　将下列十进制数转换为二进制和十六进制数。

$(3493)_{10}$　　　　　　　$(467)_{10}$

7-7　写出如图 7-25 所示逻辑图的逻辑表达式。

7-8　分析图 7-26 所示电路，并画出简化后的电路图。

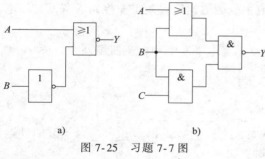

a)　　　　　　　　　　　b)

图 7-25　习题 7-7 图

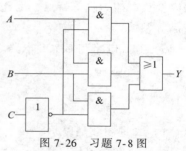

图 7-26　习题 7-8 图

7-9 说明 TTL 与非门输出端的下列接法会产生什么后果？并说明原因。

1）输出端接电源电压 $U_{CC} = 5V$。

2）输出端接地。

3）多个 TTL 与非门的输出端直接相连。

7-10 若用 TTL 与非门驱动发光二极管，已知发光二极管的正向导通压降为 2V，正向导通电流为 10mA，与非门的电源电压为 5V，输出低电平为 0.5V，输出低电平允许最大电流为 15mA，试画出与非门驱动发光二极管的电路，并计算出发光二极管支路中的限流电阻的阻值。

7-11 欲将与非门、或非门、与或非门作反相器使用，多余输入端应分别如何连接？

7-12 什么叫 CMOS 电路？它有什么优缺点？

7-13 CMOS 反相器的特点是什么？

7-14 CMOS 与非门和或非门不用的输入端应如何处理？使用 CMOS 门电路时应注意些什么？

第8章 组合逻辑电路

 本章导读

知识目标

1. 掌握组合逻辑电路的分析方法和步骤。
2. 掌握编码器和译码器的应用。
3. 了解组合逻辑电路的种类。

技能目标

1. 会利用网络搜索查找编码器和译码器的功能参数。
2. 能根据功能要求设计逻辑电路。
3. 会安装电路，实现所要求的逻辑功能。
4. 学会三人表决电路的设计与制作。

8.1 组合逻辑电路的分析与设计

 话题引入

数字电路根据逻辑功能的不同特点，可以分成两大类，一类叫组合逻辑电路（简称组合电路），另一类叫作时序逻辑电路（简称时序电路）。组合逻辑电路在逻辑功能上的特点是任意时刻的输出仅仅取决于该时刻的输入，与电路原来的状态无关。组合逻辑电路通常由若干个逻辑门组成。

8.1.1 组合逻辑电路的定义与特点

【组合逻辑电路的定义】 如果数字电路的输出只决定于电路当前输入，而与电路以前的状态无关，这类数字电路就叫组合逻辑电路。

【组合逻辑电路的特点】

1）电路中不存在输出端到输入端的反馈通路。

2）电路中不包含储能元件，主要由门电路组成，一般包括若干个输入、输出端。

8.1.2 组合逻辑电路的分析方法

对组合逻辑电路的分析，就是根据给定的电路，确定其逻辑功能。

【组合逻辑电路分析的一般步骤】

1）根据组合逻辑电路写出逻辑表达式，方法是由输入端到输出端逐级推出表达式。

2）化简逻辑表达式。

3）由化简的逻辑表达式写出真值表。方法是将所有输入变量的取值组合值和计算出的输出状态值填入，即得到真值表。

例 8-1 分析图 8-1 所示逻辑电路的功能。

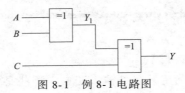

图 8-1 例 8-1 电路图

解：1）写出输出逻辑函数表达式为

$$Y_1 = A \oplus B$$

$$Y = Y_1 \oplus C = A \oplus B \oplus C = \overline{A}\,\overline{B}C + \overline{A}B\,\overline{C} + A\,\overline{B}\,\overline{C} + ABC \qquad (8-1)$$

2）列出逻辑函数的真值表。将输入 A、B、C 取值的各种组合代入式（8-1）中，求出输出 Y 的值。列出真值表 8-1。

3）逻辑功能分析。由表 8-1 可见：在输入 A、B、C 三个变量中，有奇数个 1 时，输出 Y 为 1，否则 Y 为 0。因此，图 8-1 所示电路为三位判奇电路，又称为奇校验电路。

表 8-1 例 8-1 的真值表

输	入		输出	输	入		输出	输	入		输出
A	B	C	Y	A	B	C	Y	A	B	C	Y
0	0	0	0	0	1	1	0	1	1	0	0
0	0	1	1	1	0	0	1	1	1	1	1
0	1	0	1	1	0	1	0				

例 8-2 分析图 8-2 所示电路的逻辑功能。

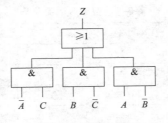

图 8-2 例 8-2 图

解：1）写出该电路输出函数的逻辑表达式。

$$Z = \overline{A}C + B\,\overline{C} + A\,\overline{B}$$

2）列出逻辑函数的真值表，见表8-2。在真值表的左半部分列出函数中所有自变量的各种组合，右半部分列出对应于每一种自变量组合的输出函数的状态。

表 8-2　例 8-2 的真值表

输　　入			输　出	输　　入			输　出
A	B	C	Z	A	B	C	Z
0	0	0	0	1	0	0	1
0	0	1	1	1	0	1	1
0	1	0	1	1	1	0	1
0	1	1	1	1	1	1	0

3）由真值表可见，该电路是判断三个变量不一致的电路。

8.1.3　组合逻辑电路的设计方法

【组合逻辑电路设计的一般步骤】

1）根据给定的设计要求，确定哪些是输入变量，哪些是输出变量，分析它们之间的逻辑关系，并确定输入变量的不同状态以及输出变量的不同状态，哪个该用"1"表示，哪个该用"0"表示。

2）列真值表。在列真值表时，不会出现或不允许出现的输入变量的取值组合可不列出。如果列出，就在相应的输出变量处画"×"号，表示输出变量可以为任意值。

3）写出表达式并化简和变换。

4）根据简化后的逻辑表达式画出逻辑电路图。

例 8-3　交叉路口的交通管制灯有红、黄、绿三种颜色，正常工作时，应该只有一盏灯亮，其他情况均属电路故障，试设计故障报警电路。

解：设定灯亮用1表示，灯灭用0表示；报警状态用1表示，正常工作用0表示。红、黄、绿三灯分别用 R、Y、G 表示，电路输出用 Z 表示。列出真值表8-3。

化简后得到电路的逻辑表达式为 $Z = \overline{R}\,\overline{Y}\,\overline{G} + RY + YG + RG$。

若限定电路用与非门组成，则逻辑函数式可改写成 $Z = \overline{\overline{R\,\overline{Y}\,\overline{G}} \cdot \overline{RY} \cdot \overline{YG} \cdot \overline{RG}}$。据此表达式可画出电路如图8-3所示。

表 8-3　例 8-3 的真值表

R	Y	G	Z	R	Y	G	Z
0	0	0	1	1	0	0	0
0	0	1	0	1	0	1	1
0	1	0	0	1	1	0	1
0	1	1	1	1	1	1	1

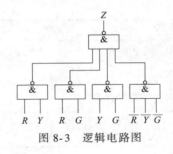

图8-3 逻辑电路图

8.2 组合逻辑部件

话题引入

随着微电子技术的发展，一些数字系统中经常使用组合逻辑电路，如编码器、译码器、数据选择器、数值比较器、加法器、函数发生器、奇偶校验器、奇偶发生器等。这些已经标准化的集成产品，不需要我们用门电路设计，并且利用这些集成产品可以实现其他功能的逻辑函数。下面介绍一些器件的工作原理和使用方法。

8.2.1 编码器

将具有特定意义的信息编写相应二进制代码的过程称为编码。实现编码功能的电路称为编码器。对于一般编码器，输出为 n 位二进制代码时，共有 2^n 个不同的组合；当输入有 N 个编码信号时，则可根据式 $2^n \geqslant N$ 来确定二进制代码的位数。

【二-十进制编码器】

用4位二进制代码对 $0 \sim 9$ 一位十进制数码进行编码的电路，称为二-十进制编码器。

例8-4 设计一个二-十进制编码器，它能将 I_0、$I_1 \cdots I_9$，10 个输入信号编成 8421BCD 码输出，用与非门实现。

解： 1）分析设计要求，列出真值表。由题意知，编码器有十个输入端，分别用 I_0、$I_1 \cdots I_9$ 表示，有编码请求时，输入信号用 1 表示，没有请求用 0 表示。根据式 $2^n \geqslant N = 10$ 可求得 $n = 4$，故有 4 个输出端，分别用 Y_0、Y_1、Y_2、Y_3 表示，列出真值表，见表8-4。

表8-4 8421BCD 码编码器的真值表

输入信号										输出信号			
I_0	I_1	I_2	I_3	I_4	I_5	I_6	I_7	I_8	I_9	Y_3	Y_2	Y_1	Y_0
1	0	0	0	0	0	0	0	0	0	0	0	0	0
0	1	0	0	0	0	0	0	0	0	0	0	0	1
0	0	1	0	0	0	0	0	0	0	0	0	1	0
0	0	0	1	0	0	0	0	0	0	0	0	1	1
0	0	0	0	1	0	0	0	0	0	0	1	0	0

（续）

输 入 信 号										输 出 信 号			
I_0	I_1	I_2	I_3	I_4	I_5	I_6	I_7	I_8	I_9	Y_3	Y_2	Y_1	Y_0
0	0	0	0	0	1	0	0	0	0	0	1	0	1
0	0	0	0	0	0	1	0	0	0	0	1	1	0
0	0	0	0	0	0	0	1	0	0	0	1	1	1
0	0	0	0	0	0	0	0	1	0	1	0	0	0
0	0	0	0	0	0	0	0	0	1	1	0	0	1

2）根据真值表写出输出逻辑函数表达式，并变换为与非表达式

$$Y_3 = I_8 + I_9 = \overline{\overline{I_8} \cdot \overline{I_9}}$$

$$Y_2 = I_4 + I_5 + I_6 + I_7 = \overline{\overline{I_4} \cdot \overline{I_5} \cdot \overline{I_6} \cdot \overline{I_7}}$$

$$Y_1 = I_2 + I_3 + I_6 + I_7 = \overline{\overline{I_2} \cdot \overline{I_3} \cdot \overline{I_6} \cdot \overline{I_7}}$$

$$Y_0 = I_1 + I_3 + I_5 + I_7 + I_9 = \overline{\overline{I_1} \cdot \overline{I_3} \cdot \overline{I_5} \cdot \overline{I_7} \cdot \overline{I_9}}$$

3）根据与非表达式可画出图 8-4 所示的逻辑图。该编码器输入的 $I_1 \cdots I_9$，9 个编码信号是互相排斥的，即不能同时输入两个信号。

【优先编码器】 前面讨论的编码器存在一个严重的缺点，就是输入的编码信号是互相排斥的，否则，输出的二进制代码会发生混乱。优先编码器可以解决这一问题，它允许有多个输入信号同时请求编码，但电路只对其中一个优先级别最高的信号进行编码，这样的逻辑电路称为优先编码器。在优先编码器中，优先级别高的编码信号排斥级别低的。至于输入编码信号优先级别的高低，则是由设计者根据实际工作需要事先安排的。

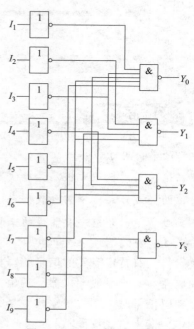

图 8-4 8421BCD 码编码器

图 8-5 所示为二-十进制优先编码器 74LS147 的引脚排列和逻辑功能示意图，它又称为 10 线-4 线优先编码器。其编码表见表 8-5。

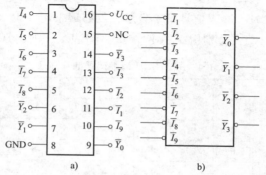

图 8-5 74LS147 的引脚排列和逻辑功能示意图
a）引脚排列图 b）逻辑功能示意图

表 8-5 74LS147 的编码表

输入信号									输出信号			
$\overline{I_9}$	$\overline{I_8}$	$\overline{I_7}$	$\overline{I_6}$	$\overline{I_5}$	$\overline{I_4}$	$\overline{I_3}$	$\overline{I_2}$	$\overline{I_1}$	$\overline{Y_3}$	$\overline{Y_2}$	$\overline{Y_1}$	$\overline{Y_0}$
1	1	1	1	1	1	1	1	1	1	1	1	1
0	×	×	×	×	×	×	×	×	0	1	1	0
1	0	×	×	×	×	×	×	×	0	1	1	1
1	1	0	×	×	×	×	×	×	1	0	0	0
1	1	1	0	×	×	×	×	×	1	0	0	1
1	1	1	1	0	×	×	×	×	1	0	1	0
1	1	1	1	1	0	×	×	×	1	0	1	1
1	1	1	1	1	1	0	×	×	1	1	0	0
1	1	1	1	1	1	1	0	×	1	1	0	1
1	1	1	1	1	1	1	1	0	1	1	1	0

下面对根据 74LS147 的编码表对其逻辑功能说明如下。

$\overline{Y_3}$、$\overline{Y_2}$、$\overline{Y_1}$、$\overline{Y_0}$ 为数码输出端,输出为 8421BCD 码的反码。$\overline{I_1} \sim \overline{I_9}$ 为编码信号输入端,输入低电平 0 有效,这时表示有编码请求。输入高电平 1 无效,表示无编码请求。在 $\overline{I_1} \sim \overline{I_9}$ 中,$\overline{I_9}$ 的优先级别最高,$\overline{I_8}$ 次之,其余依此类推,$\overline{I_1}$ 的优先级别最低。也就是说,当 $\overline{I_9} = 0$ 时,其余输入信号不论是 0 或是 1 都不起作用,电路只对 $\overline{I_9}$ 进行编码,输出 $\overline{Y_3}\,\overline{Y_2}\,\overline{Y_1}\,\overline{Y_0} = 0110$,为反码,其原码为 1001。其余类推。在图 8-5 中没有 $\overline{I_0}$,这是因为当 $\overline{I_1} \sim \overline{I_9}$ 都为高电平 1 时,输出 $\overline{Y_3}\,\overline{Y_2}\,\overline{Y_1}\,\overline{Y_0} = 1111$,其反码为 0000,相当于输入 $\overline{I_0}$,因此,74LS147 没有安排 $\overline{I_0}$ 引脚。

8.2.2 译码器

译码是编码的逆过程。译码器将输入的二进制代码转换成与代码对应的信号。

若译码器输入的是 n 位二进制代码,则其输出端子数 $N \leq 2^n$。$N = 2^n$ 称为完全译码,$N < 2^n$ 称为部分译码。

1.3-8 译码器

【3-8 译码器电路图】 图 8-6 所示为 74LS138 译码器电路。

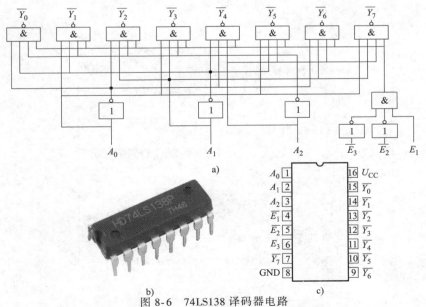

图 8-6 74LS138 译码器电路

a) 内部结构图 b) 实物外形 c) 引脚图

【3-8 译码器工作原理】 该电路有 8 个输出端 $\overline{Y}_0 \sim \overline{Y}_7$，当 $E_1 = 1$、$\overline{E}_2 = \overline{E}_3 = 0$ 不成立时，与门输出低电平 0，封锁了输出端 8 个与非门，电路不能工作；当 $E_1 = 1$、$\overline{E}_2 = \overline{E}_3 = 0$ 成立时，上述封锁作用消失，输出端的状态随输入信号 A_2、A_1、A_0 的变化而变化，电路工作。E_1、$\overline{E}_2$、$\overline{E}_3$ 三个输入端可以使电路工作或者不工作，故称它们为使能端。

实验告诉你：

仿真实验：74LS138N 的功能测试

/器材/ 用 Multisim 仿真软件建立如图 8-7a 所示 74LS138N 的实验电路。

/内容/

（1）数字信号发生器 XWG1 的三个输出端接入 74LS138N 的 A、B、C 输入端，设置其为按 000~111 由小到大的顺序循环输出，如图 8-7b 所示。

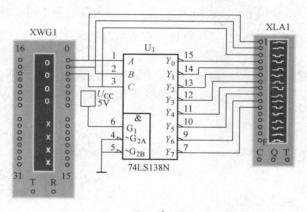

a)

b)

图 8-7 74LS138N 的实验电路

a）74LS138N 的仿真电路 b）数字信号发生器 XWG1 设置

（2）按下仿真开关进行动态分析，双击逻辑分析仪 XLA1 面板，即可得到信号的输入输出波形，如图 8-8 所示。图中 1、2、3 显示的是 A、B、C 三个输入端信号波形，4～11 显示的是 74LS138N 8 个输出端 $\overline{Y}_0 \sim \overline{Y}_7$ 的信号波形。

/现象/

填写 74LS138N 的真值表，见表 8-6。

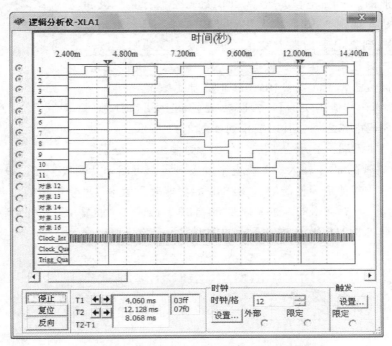

图 8-8　逻辑分析仪显示的输入输出波形

表 8-6　74LS138N 的真值表

输 入			输 出							
C	B	A	$\overline{Y}_0$	$\overline{Y}_1$	$\overline{Y}_2$	$\overline{Y}_3$	$\overline{Y}_4$	$\overline{Y}_5$	$\overline{Y}_6$	$\overline{Y}_7$
0	0	0	0	1	1	1	1	1	1	1
0	0	1	1	0	1	1	1	1	1	1
0	1	0	1	1	1	0	1	1	1	1
0	1	1	1	1	1	1	0	1	1	1
1	0	0	1	1	1	1	1	0	1	1
1	0	1	1	1	1	1	1	1	0	1
1	1	0	1	1	1	1	1	1	1	0
1	1	1	1	1	1	1	1	1	1	0

/结论/

74LS138N 的三个输入端的 8 种不同组合对应 $\overline{Y}_0 \sim \overline{Y}_7$ 的每一路输出。

74LS147 功能测试仿真实验视频可通过扫一扫二维码在线观看。

2. 显示译码器

如果 BCD 译码器的输出能驱动显示器件发光,将译码器中的十进制数显示出来,这种译码器就是显示译码器。显示译码器有好多种,下面以控制发光二极管显示的译码电路为例,讨论显示译码器的工作过程。

【七段 LED 数码管结构】 图 8-9 所示为七段 LED 数码管的实物外形及字形图。$a\sim g$ 七段是七个 LED 数码管,有共阴极和共阳极两种接法,如图 8-10 所示。共阴极接法时,哪个发光二极管的阳极接收到高电平,哪个发光二极管发光;共阳极接法时,哪个发光二极管阴极接收到低电平,哪个发光二极管发光。例如,对共阴极接法,当 $a\sim g$:1011011 时,显示数字"5"。

【七段显示译码器应用实例】 74LS48 是控制七段 LED 数码管显示的集成译码电路之一,其引线排列如图 8-11 所示。A、B、C、D 为 BCD 码输入端,A 为最高位,$Y_a\sim Y_g$ 为输出端,分别驱动七段 LED 数码管的 $a\sim g$ 输入端,高电平触发显示,可驱动共阴极发光二极管组成的七段 LED 数码管显示。其他端为使能端。74LS48 的功能表见表 8-7。分析功能表与七段 LED 数码管的关系可知,只有输入的二进制码是 8421BCD 码时,才能显示 0~9 的十进制数字。当输入的 4 位码不在 8421BCD 码内,显示的字型就不是十进制数。

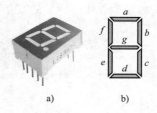

图 8-9 七段 LED 数码管实物外形及字形图
a)实物外形 b)字形图

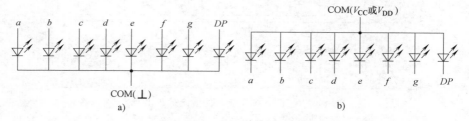

图 8-10 七段 LED 数码管内部连接示意图
a)共阴极接法 b)共阳极接法

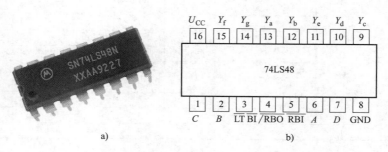

a)

图 8-11 74LS48 的实物外形和引脚图
a)实物外形 b)引脚图

【74LS48 使能端的功能】

1)消隐输入 $\overline{BI}/\overline{RBO}$。当 $\overline{BI}=0$ 时,不论其他各使能端和输入端处于何种状态,$Y_a\sim Y_g$ 均输出低电平,显示器的 7 个字段全熄灭。

表8-7　74LS48功能表

数字	输　入						$\overline{BI}/\overline{RBO}$	输　出						
	$\overline{LT}$	$\overline{RBI}$	A	B	C	D		Y_a	Y_b	Y_c	Y_d	Y_e	Y_f	Y_g
0	1	1	0	0	0	0	1	1	1	1	1	1	1	0
1	1	×	×	0	0	1	1	0	1	1	0	0	0	0
2	1	×	×	0	1	0	1	1	1	0	1	1	0	1
3	1	×	0	0	1	1	1	1	1	1	1	0	0	1
4	1	×	0	1	0	0	1	0	1	1	0	0	1	1
5	1	×	0	1	0	1	1	1	0	1	1	0	1	1
6	1	×	0	1	1	0	1	0	0	1	1	1	1	1
7	1	×	0	1	1	1	1	1	1	1	0	0	0	0
8	1	×	1	0	0	0	1	1	1	1	1	1	1	1
9	1	×	1	0	0	1	1	1	1	1	0	0	1	1

这个端子是个双功能端子，既可作输入端子，也可作输出端子。作输入端子用时，它是消隐输入$\overline{BI}$；作输出端子用时，它是灭零输出$\overline{RBO}$。

2）灭零输出$\overline{BI}/\overline{RBO}$。$\overline{RBO}$为灭零输出。当$\overline{LT}=1$、$\overline{RBI}=0$，输入$ABCD=0000$时，$\overline{RBO}=0$，利用该灭零输出信号可将多位显示中的无用零熄灭。

在多位数字显示系统中，$\overline{RBO}$与相邻位数字译码芯片的灭零输入端$\overline{RBI}$配相连接，控制邻位的零是否应该熄灭。例如，四位整数译码器由4片译码芯片组成，最高位译码芯片的$\overline{RBO}$接次高位译码芯片的$\overline{RBI}$。当需译码的数字是0078时，最高位的0已被熄灭（最高位译码芯片的$\overline{RBI}$固定接0），最高位译码芯片的$\overline{RBO}$端输出0，使次高位译码芯片的$\overline{RBI}=0$，这样，次高位也被熄灭。但当数字是3078时，最高位译码芯片的$\overline{RBO}$端输出1，使次高位的$\overline{RBI}=1$，次高位的0就不熄灭。

对含有整数和小数的数字译码电路，在整数部分，高位数字译码芯片的$\overline{RBO}$端接相邻低位数字译码芯片的$\overline{RBI}$；而在小数部分，低位数字译码芯片的$\overline{RBO}$端接相邻高位数字译码芯片的$\overline{RBI}$。

3）试灯$\overline{LT}$。当$\overline{BI}/\overline{RBO}=1$，$\overline{LT}=0$时，$Y_a\sim Y_g$输出全高，七段显示器全亮，用来测试各发光段能否正常显示。

4）灭零输入$\overline{RBI}$。$\overline{RBI}$为低电平有效，作用是将能显示的0熄灭。例如，显示多位数字时，数字最前边的0和小数部分最后边的0不用显示，就把这些0熄灭。译码电路中，整数部分最高位和小数部分最低位数字的译码芯片的$\overline{RBI}$固定接0，而小数点前后两位的$\overline{RBI}$固定接1。

8.3　技能实训　制作三人表决器

【实训目的】

1. 学会识别与非门数字集成电路。

2. 掌握利用万用表测试、判断与非门数字集成电路好坏的基本方法。

3. 会设计三人表决器电路。

4. 会安装三人表决器电路。

【设备与材料】 三人表决器电路元器件明细见表8-8。

表 8-8 三人表决器电路元器件明细表

序号	名 称	代 号	型 号 规 格	数量
1	四2输入与非门		CD4011	1
2	三3输入与非门		CD4023	1
3	单刀双掷开关	SW_1、SW_2、SW_3		3
4	发光二极管	LED		1
5	电阻器	R	$1k\Omega$	1
6	数字实验箱			1
7	万用表			1
8	直流稳压电源			1

【实训准备】 三人表决器电路如图8-12所示，集成逻辑器件CD4011的外形及引脚如图8-13所示，CD4023的外形及引脚如图8-14所示。

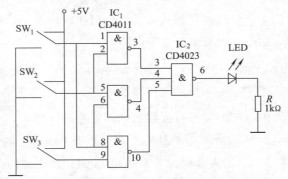

图 8-12 三人表决器电路

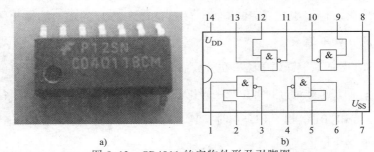

图 8-13 CD4011 的实物外形及引脚图

a）实物外形 b）引脚图

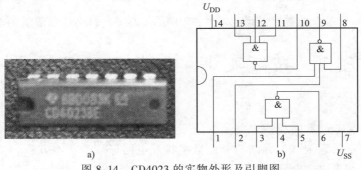

图 8-14 CD4023 的实物外形及引脚图

a）实物外形 b）引脚图

【实训方法与步骤】

1. 在数字实验箱（面包板）上搭建电路。

2. 用直流稳压电源提供 5V 电压接入电路。

3. 拨动开关，观察 LED，记录并分析实测数据。

【分析与思考】 对三人表决器电路进行任务分析，列出真值表，写出函数表达式，画出逻辑电路图。

【撰写实训报告】 实训报告内容包括三人表决器电路任务分析、真值表、函数表达式及安装调试说明。

【实训考核评分标准】 实训考核评分标准见表 8-9。

表 8-9　实训考核评分标准

序号	项　目	分值	评　分　标　准
1	元器件识别和测试	20	1. 会正确识别 CD4011、CD4023 元件引脚，正确使用万用表测试元件好坏，得 20 分 2. 不能正确识别和测试元器件，酌情扣分
2	三人表决器电路安装	30	1. 能正确安装三人表决器电路，布局合理，试通电一次成功，得 30 分 2. 不能正确安装，适当扣分
3	三人表决器电路调试	20	1. 能正确使用万用表测试数据，得 20 分 2. 不能正确使用万用表测试数据，适当扣分
4	安全文明操作	15	1. 工作台面整洁，工具摆放整齐，得 5 分 2. 严格遵守安全文明操作规程，得 10 分 3. 工作台面不整洁，违反安全文明操作规程，酌情扣分
5	实训报告	15	1. 实训报告内容完整、正确，质量较高，得 15 分 2. 内容不完整，书写不工整，适当扣分

小　　结

1. 组合逻辑电路的特点是，电路任一时刻的输出状态只决定于该时刻各输入状态的组合，而与电路的原状态无关。组合电路就是由门电路组合而成，电路中没有记忆单元，没有反馈通路。

2. 常用的组合逻辑器件包括编码器、译码器等。组合逻辑器件除了具有其基本功能外，还可用来设计组合逻辑电路。

习　　题

8-1　填空题

1）组合逻辑电路的特点是输出状态只与_____有关，与电路原有状态_____。

2）七段显示译码器内部电路有_____和_____两种接法。

3）输入 3 位二进制代码的二进制译码器应有_____个输出端。

8-2　判断题

1）组合逻辑电路任意时刻的稳态输出与输入信号作用前电路的原来状态有关。（　　）

2）编码器能将特定的输入信号变为二进制代码；而译码器能将二进制代码变为特定含

义的输出信号，所以编码器与译码器使用是可逆的。（　　）

　　3）七段显示译码器内部电路采用共阴极接法时，发光二极管接高电平有效。（　　）

　　4）若在编码器中有 50 个编码对象，则要求输出二进制代码位数为 5 位。（　　）

8-3　哪种电路叫组合逻辑电路？

8-4　简述组合逻辑电路的设计过程。

8-5　写出如图 8-15 所示各逻辑电路的逻辑表达式，并化简。

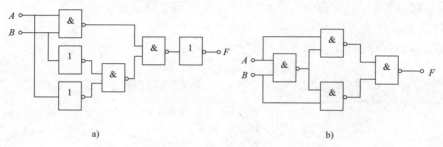

图 8-15　习题 8-5 图

　　8-6　分析如图 8-16 所示两个逻辑电路的逻辑功能是否相同？写出其逻辑表达式，列出真值表。

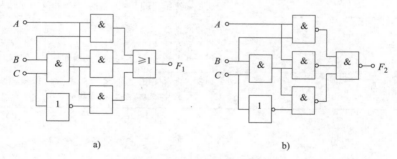

图 8-16　习题 8-6 图

　　8-7　试用与非门设计一个组合逻辑电路，它有三个输入 A、B、C 和一个输出 F，当输入中 1 的个数少于或等于 1 时，输出为 1，否则输出为 0。

　　8-8　某车间有三台电动机 A、B、C，要维持正常生产必须至少两台电动机工作。试用与非门设计一个能满足此要求的逻辑电路。

　　8-9　设计一个路灯的控制电路，要求在 4 个不同的地方都能独立地控制灯的亮灭。

　　8-10　用红、黄、绿三个指示灯表示三台设备 A、B、C 的工作状况：绿灯亮表示三台设备全部正常，黄灯亮表示有一台设备不正常，红灯亮表示有两台设备不正常，红、黄灯都亮表示三台设备都不正常。试列出控制电路的真值表，并用合适的门电路实现。

　　8-11　说明 74LS138 的使能端对电路工作的影响。74LS138 的逻辑功能是什么？

　　8-12　分析 74LS48 的功能表，当输入的四位码是 1110 时，显示的字型是什么？它的灭零端有什么作用？

第9章 触发器

本章导读

知识目标

1. 掌握同步 RS 触发器、JK 触发器和 D 触发器的逻辑功能和应用特性。
2. 了解基本 RS 触发器的电路组成。
3. 了解同步 RS 触发器的特点、时钟脉冲的作用。

技能目标

1. 会测试触发器逻辑功能。
2. 会用万用表测试集成触发器性能的好坏。
3. 会组装与调试四人智力竞赛抢答器。
4. 会查阅集成电路手册，会利用网络搜索查询集成触发器的主要参数，能按要求选用集成触发器。

9.1 RS 触发器

话题引入

在工程技术中，触发器是指具有记忆功能的二进制信息存储器件，它是构成时序逻辑电路的基本单元电路。迄今为止，人们已经研制出了许多种触发器电路。根据逻辑功能的不同，可以将它们分为 RS 触发器、JK 触发器、D 触发器、T 触发器等几种类型。基本 RS 触发器是各类触发器的基本组成部分，也可单独作为一个记忆单元使用。

9.1.1 基本 RS 触发器的构成和逻辑功能

【基本 RS 触发器的构成】 RS 触发器由两个与非门的输入、输出端交叉连接而成，图 9-1 是它的逻辑图和逻辑符号。其中，$\overline{S}_d$ 为置 1（置位）输入端，$\overline{R}_d$ 为置 0（复位）输入端，在逻辑符号中用小圆圈表示输入信号为低电平有效。Q 和 $\overline{Q}$ 是一对互补输出端，同时用它们表示触发器的输出状态，即 $Q=1$、$\overline{Q}=0$ 表示触发器的 1 态，$Q=0$、$\overline{Q}=1$ 表示触发器的 0 态。

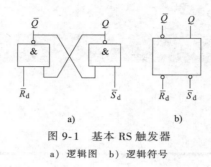

图 9-1 基本 RS 触发器

a）逻辑图 b）逻辑符号

【基本 RS 触发器的逻辑功能】 根据图 9-1a 所示基本 RS 触发器电路，可写出输出端表达式

$$Q = \overline{\overline{S}_d \cdot \overline{Q}}$$

$$\overline{Q} = \overline{\overline{R}_d \cdot Q}$$

实验告诉你：

仿真实验 基本 RS 触发器功能实验

/器材/ 用 Multisim 仿真软件搭建图 9-2 所示电路。

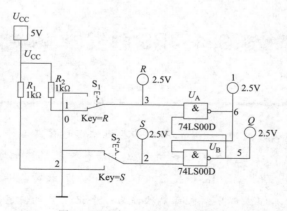

图 9-2 基本 RS 触发器功能实验

/内容/ 改变图中两个逻辑开关可以改变 R 和 S 接地或接高电平。单击仿真开关进行动态分析。观察逻辑探头的明暗变化。

/现象/ 实验现象如图 9-3 所示。

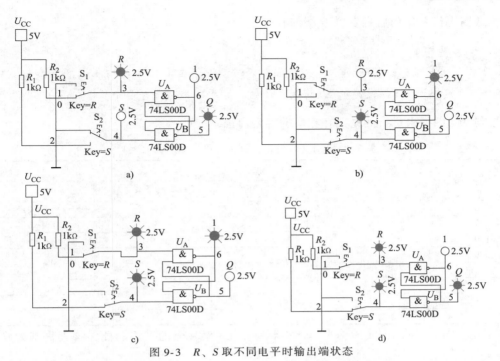

图 9-3 R、S 取不同电平时输出端状态

a) $R=1$、$S=0$ $Q=1$ b) $R=0$、$S=1$ $Q=0$ c) $R=S=1$，初始状态 $Q=0$ 不变 d) $R=S=1$，初始状态 $Q=1$ 不变

/结论/ 当 $R=1$、$S=0$ 时，输出 $Q=1$。当 $R=S=1$ 时，Q 保持原来的状态。当 $R=0$、$S=1$ 时，输出 $Q=0$。这种触发器的输入为低电平有效，但是 R、S 同时为 0 的状态是不允许的。

注意!

这里的 R、S 相当于图 9-1 中的 $\overline{R}_d$、$\overline{S}_d$。

基本 RS 触发器逻辑功能验证

/器材/ 与非门 74LS00、数字电路实验箱及相关附件。

/内容及现象/ 图 9-4 所示为基本 RS 触发器逻辑功能实验电路。其中输入端 $\overline{R}_D$、$\overline{S}_D$ 接逻辑开关，输出端 Q、$\overline{Q}$ 接逻辑笔或逻辑电平显示输入插口。$\overline{S}_d$、$\overline{R}_d$ 为触发器的两个输入信号；Q^n 为触发器的现态（初态），即输入信号作用前触发器 Q 端的状态；Q^{n+1} 为触发器的

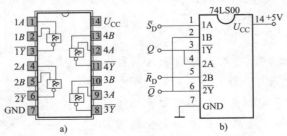

图 9-4 基本 RS 触发器逻辑功能实验电路

a) 74LS00 引脚图 b) 实验电路

次态，即输入信号作用后触发器 Q 端的状态。

注意！

本实验采用+5V 电源，严禁接错，严禁带电操作；与非门的多余输入端应接电源，不要悬空，以防引入干扰。

按表 9-1 的要求进行测试并在相应的栏目内记录测试结果。

表 9-1 基本 RS 触发器测试结果（状态真值表）

测 试 条 件			测 试 记 录	
$\overline{R}_d$	$\overline{S}_d$	Q^n	Q^{n+1}	$\overline{Q}^{n+1}$
0	0	0	不确定	不确定
0	0	1	不确定	不确定
0	1	0	0	1
0	1	1	0	1
1	0	0	1	0
1	0	1	1	0
1	1	0	0	1
1	1	1	1	0

/结论/ 由表 9-1 的实验结果，即得到基本 RS 触发器的逻辑功能，该表称其为状态真值表。

当 $\overline{S}_d = 0$、$\overline{R}_d = 1$ 时，不管触发器原来处于什么状态，其次态一定为 1，即 $Q^{n+1} = 1$，故触发器处于置 1 状态（置位状态）。

当 $\overline{S}_d = 1$、$\overline{R}_d = 0$ 时，不管触发器原来处于什么状态，其次态一定为 0，即 $Q^{n+1} = 0$，故触发器处于置 0 状态（复位状态）。

当 $\overline{S}_d = \overline{R}_d = 1$ 时，触发器状态保持不变，即 $Q^{n+1} = Q^n$。

当 $\overline{S}_d = \overline{R}_d = 0$ 时，触发器两个输出端 Q 和 $\overline{Q}$ 不互补，破坏了触发器的正常工作，使触发器失效。当输入条件同时消失时，触发器状态不定，即 $Q^{n+1} = \times$。这种情况在触发器工作时不允许出现。因此，使用这种触发器时，禁止 $\overline{S}_d = \overline{R}_d = 0$ 的输入状态出现。

【波形图】 如果已知 $\overline{S}_d$ 和 $\overline{R}_d$ 的波形和触发器的起始状态，则可画出触发器 Q 端的工作波形，如图 9-5 所示。

9.1.2 同步 RS 触发器

由于基本 RS 触发器的状态翻转是受输入信号直接控制的，因此其抗干扰能力较差。而在实际应用中，常常要求触发器在某一指定时刻按输入信号要求动作，因此除 R、S 两个输入端外，还需再增加一个控制端 CP。只有在控制端出现时钟脉冲时，触发器才动作，至于触发器的状态，仍然由 R、S 端的信号决定。这种触发器

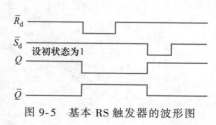

图 9-5 基本 RS 触发器的波形图

称为同步 RS 触发器，又称时钟控制 RS 触发器。

【电路组成及逻辑符号】 同步 RS 触发器的电路组成及其逻辑符号如图 9-6 所示。

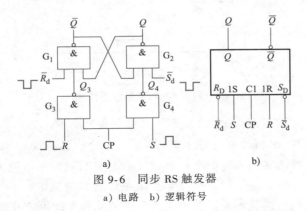

图 9-6 同步 RS 触发器

a) 电路 b) 逻辑符号

与基本 RS 触发器相比，同步 RS 触发器是在基本 RS 触发器的基础上增加了两个控制门 G_3 和 G_4，而这两个控制与非门受时钟脉冲 CP 的控制（同步），只有在 CP = 1 时，G_3、G_4 才打开；而当 CP = 0 时，G_3、G_4 门均被封闭，R、S 信号不能进入，使触发器保持原来状态。$\overline{R}_d$、$\overline{S}_d$ 为异步复位、置位端，即无论 R、S 为何值，只要 $\overline{R}_d = 0$，$\overline{S}_d = 1$，Q 就为 0；只要 $\overline{R}_d = 1$，$\overline{S}_d = 0$，Q 就为 1。只有当 $\overline{R}_d = 1$，$\overline{S}_d = 1$ 时，触发器才执行上面的操作。

【工作原理】 当 CP = 0 时，G_3、G_4 门被封锁，无论 R、S 端信号如何变化，$Q_3 = Q_4 = 1$，这时触发器保持原状态不变；当 CP = 1 时（即 CP 脉冲的上升沿到来时），门 G_3、G_4 打开，Q_3、Q_4 状态由 R、S 决定，即

1）当 $R = S = 0$ 且 CP 脉冲的上升沿到来时，$Q^{n+1} = Q^n$（保持原态）。

2）当 $R = 0$、$S = 1$ 且 CP 脉冲的上升沿到来时，$Q^{n+1} = 1$（置 1）。

3）当 $R = 1$、$S = 0$ 且 CP 脉冲的上升沿到来时，$Q^{n+1} = 0$（置 0）。

4）当 $R = S = 1$ 且 CP 脉冲的上升沿到来时，$Q^{n+1} = \times$（不定状态）。

【真值表】 同步 RS 触发器的真值表见表 9-2。

表 9-2 同步 RS 触发器的真值表

输 入			原状态	输出	逻辑功能
CP	R	S	Q^n	Q^{n+1}	
	0	0	0	0	保持
	0	0	1	1	保持
	0	1	0	1	置 1
	0	1	1	1	置 1
1	1	0	0	0	置 0
	1	0	1	0	置 0
	1	1	0	$\times$	不定
	1	1	1	$\times$	不定
0	$\times$	$\times$	$\times$	$\times$	保持

【波形图】 同步 RS 触发器状态波形图如图 9-7 所示。

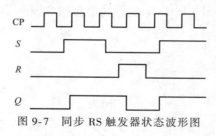

图 9-7 同步 RS 触发器状态波形图

同步 RS 触发器与基本 RS 触发器相比，其性能有所改善，但由于这种触发器的触发方式为电平触发，而不是将触发翻转控制在时钟脉冲的上升边沿或下降边沿，因此在实际应用中存在空翻现象，即在 CP＝1 期间，触发器的状态有可能发生翻转。另外，这种触发器的输入信号不能同时为 1。

9.2 JK 触发器和 D 触发器

话题引入

RS 触发器输入端 R、S 直接控制输出端的状态，在 $R＝S＝1$ 时将出现不确定输出状态，即 S、R 之间存在约束，且存在空翻现象，抗干扰能力差，不能满足大多数电子设备的要求。为了克服 RS 触发器的缺陷，提高触发器的实用性能，研发实用型触发器成为必然。目前，实用型触发器主要有 JK 触发器、D 触发器等类型。

9.2.1 主从 JK 触发器

【电路组成和逻辑符号】 主从 JK 触发器的逻辑电路和逻辑符号如图 9-8a 所示，其主要由两部分组成，$G_1 \sim G_4$ 组成的同步 RS 触发器称为从触发器；$G_5 \sim G_8$ 组成的同步 RS 触发器称为主触发器。从触发器的输入信号是主触发器的输出信号 Q' 和 $\overline{Q'}$，G_9 门是一个非门，其作用是将 CP 反相后控制从触发器。输出端 Q 与 $\overline{Q}$ 交叉反馈到 G_7 和 G_8 的输入端，以保证 G_7 和 G_8 的输入永远处于互补状态。J 和 K 端为信号输入端。

由于只有时钟脉冲的下降沿到来时，触发器的状态才能改变，因此，主从结构的触发器为下降沿触发方式，图 9-8b 中在 CP 端加小圆圈表示下降沿触发。

【工作原理】

当 $J＝K＝0$，且 CP 的下降沿到来时，$Q^{n+1}＝Q^n$（保持）。

当 $J＝0$，$K＝1$，且 CP 的下降沿到来时，$Q^{n+1}＝0$（置 0）。

当 $J＝1$，$K＝0$，且 CP 的下降沿到来时，$Q^{n+1}＝1$（置 1）。

当 $J＝K＝1$，且 CP 的下降沿到来时，$Q^{n+1}＝\overline{Q^n}$（计数）。

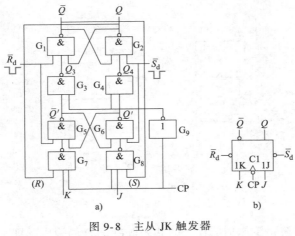

图 9-8　主从 JK 触发器

a) 电路图　b) 逻辑符号

【状态真值表】　JK 触发器的状态真值表见表 9-3。

表 9-3　JK 触发器状态真值表

输入		输出	逻辑功能	输入		输出	逻辑功能
J	K	Q^{n+1}		J	K	Q^{n+1}	
0	0	Q^n	保持	1	0	1	置 1
0	1	0	置 0	1	1	$\overline{Q^n}$	翻转

【波形图】

主从 JK 触发器状态波形图如图 9-9 所示。

主从 JK 触发器几乎在整个时钟周期内对外部信号都是封锁的，只有在时钟信号 CP 由 1 跳变为 0 的瞬间，使 JK 信号输入，从而引起触发器状态的变化。而其他时刻（CP = 1，CP = 0，CP 的上升沿）的输入信号均不能引起触发器状态的转换。因此，主从 JK 触发器得到广泛的应用。

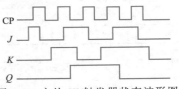

图 9-9　主从 JK 触发器状态波形图

触发器选用规则

1. 同一数字系统选择相同触发方式的同类型触发器。

2. 工作速度要求较高领域优先选用边沿触发方式的触发器。

3. 触发器在使用前必须经过全面测试，保证其可靠性。

4. CMOS 触发器与 TTL 触发器不宜同时使用。

9.2.2　D 触发器

【电路组成及符号】　D 触发器（也称边沿 D 触发器）的逻辑电路及符号如图 9-10 所示。它是将 JK 触发器的 J 端信号通过非门接到 K 端，即使 $K = \overline{J}$。触发器的输入信号从 J 端加入，这样就构成了 D 触发器。

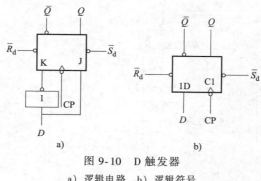

图 9-10　D 触发器

a）逻辑电路　b）逻辑符号

【工作原理】

（1）当有 CP 的下降沿到来时，Q^{n+1} 的状态取决于 D 的输入，即

1）当 $D=0$ 且 CP 的下降沿到来时，$Q^{n+1}=0$（置0）。

2）当 $D=1$ 且 CP 的下降沿到来时，$Q^{n+1}=1$（置1）。

（2）在无 CP 的下降沿到来时，$Q^{n+1}=Q^n$（保持原态）。

综上分析，在时钟脉冲 CP 下降沿到来后，D 触发器的状态与其输入端 D 的状态相同，即 $Q^{n+1}=D$。

【真值表及逻辑功能】　D 触发器的逻辑功能及真值表见表 9-4。

表 9-4　D 触发器的真值表

D	Q^n	Q^{n+1}	逻辑功能	D	Q^n	Q^{n+1}	逻辑功能
0	0	0	置0	1	0	1	置1
0	1			1	1		

【波形图】　D 触发器的状态波形图如图 9-11 所示。

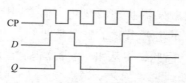

图 9-11　D 触发器的状态波形图

还有一种维持阻塞型 D 触发器，它的状态翻转是发生在 CP 脉冲的上升沿到来的时刻，其逻辑功能与 D 触发器的功能相同。

触发器使用注意事项

1. 目前市面上应用最广的是 JK 触发器和 D 触发器。

2. 根据触发器的逻辑符号确定触发方式与状态翻转时刻。

3. 注意置0、置1端的设置时刻和设置电平。

4. 注意集成触发器的功能说明。

9.3 集成触发器

1961 年，美国德克萨斯仪器公司率先将数字电路的元器件和连线制作在同一硅片上，制成了数字集成电路（Integrated Circuit，简称 IC）。由于集成电路体积小、重量轻、可靠性好等优点，因而在大多数领域里迅速取代了分立元器件电路。

9.3.1 集成 JK 触发器芯片

目前，集成 JK 触发器芯片的种类繁多，性能各不相同。本节以集成 JK 触发器 74LS76 为例，介绍其逻辑功能及应用特性。

74LS76 属于下降沿触发的双边沿 JK 触发器（有置位和复位端）集成电路。可以实现两组 JK 触发器逻辑功能，每组都具有独立置位和复位功能。74LS76 引脚图和逻辑符号如图9-12所示。

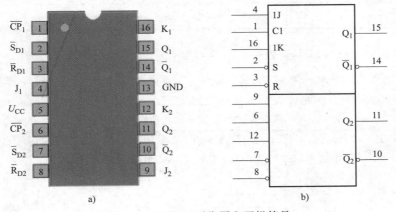

图 9-12　74LS76 引脚图和逻辑符号

a）引脚图　b）逻辑符号

　实验告诉你：

集成 JK 触发器 74LS76 的逻辑功能测试

/器材/　集成 JK 触发器 74LS76、数字电路实验箱及相关附件。

/内容/　图 9-13 所示为 74LS76 逻辑功能测试实验电路。其中 $\overline{R}_D$、$\overline{S}_D$、J、K 端接逻辑开关，CP 端接单次脉冲源，输出端 Q、$\overline{Q}$ 端接至逻辑电平显示输入插口。

（1）测试 $\overline{R}_D$、$\overline{S}_D$ 的复位、置位功能　按照表9-5的要求改变 $\overline{R}_D$、$\overline{S}_D$ 和 CP（J、K 任意）的状态（$\overline{R}_D = \overline{S}_D = 1$ 的情况暂不研究），并在 $\overline{R}_D = 0(\overline{S}_D = 1)$ 或 $\overline{S}_D = 0(\overline{R}_D = 1)$ 作用期间任意改变 J、K 的状态，观察 Q、$\overline{Q}$ 状态，并在表 9-5 中记录。

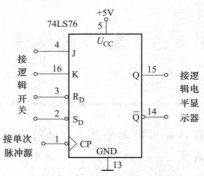

图 9-13　集成 JK 触发器 74LS76 逻辑功能测试电路

表 9-5　触发器的复位、置位功能测试

$\overline{R}_D$	$\overline{S}_D$	CP	Q	$\overline{Q}$	$\overline{R}_D$	$\overline{S}_D$	CP	Q	$\overline{Q}$
0	0	0	1	1	0	1	↑	0	1
0	0	1	1	1	0	1	↓	0	1
0	0	↑	1	1	1	0	1	1	0
0	0	↓	1	1	1	0	0	1	0
0	1	1	0	1	1	0	↑	1	0
0	1	0	0	1	1	0	0	1	0

（2）逻辑功能测试　以下实验要求将异步复位、置位端全部置 1，即 $\overline{R}_D = \overline{S}_D = 1$，然后按表 9-6 的要求改变 J、K、CP 端状态，观察 Q、$\overline{Q}$ 状态变化，且观察触发器状态转换是否发生在 CP 脉冲的下降边，并在表 9-6 相应栏目中记录。

表 9-6　JK 触发器逻辑功能测试

J	K	Q^n	CP	Q^{n+1}	J	K	Q^n	CP	Q^{n+1}
0	0	0	↓	0	1	0	0	↑	0
			↑	0				↓	1
		1	↑	1			1	↑	1
			↓	1				↓	1
0	1	0	↑	0	1	1	0	↑	0
			↓	0				↓	1
		1	↑	1			1	↑	1
			↓	0				↓	0

注：由于 $\overline{Q}$ 状态是 Q 状态的非，表中省去了对 $\overline{Q}$ 状态的记录。

/结论/　由表 9-5、表 9-6 可见，集成 JK 触发器 74LS76 当异步复位、置位端全部置 1，即 $\overline{R}_D = \overline{S}_D = 1$ 时，具有保持、置 0、置 1、状态翻转等逻辑功能。此外，和基本 RS 触发器的用法一样，不允许异步复位、置位端同时有效，即 $\overline{R}_D = \overline{S}_D = 0$。

/思考/　利用 74LS76 可否构成 D 触发器？若能，试绘制其实验电路，并验证电路逻辑功能。

注意!

1. 不要在带电状态下插拔集成电路，否则容易造成集成电路内部电路的损坏。

2. 安装集成电路时要注意缺口方向，且应仔细检查、核对电路是否连接正确。若将输出端接地，会造成器件损坏。

常用集成 JK 触发器

常用集成 JK 触发器见表 9-7。

表 9-7 常用集成 JK 触发器

型号	电路结构	开关器件	触发方式	类型
74LS73	主从	TTL	下降沿	双 JK 触发器(有复位)
74LS103	边沿	TTL	下降沿	双下降沿 JK 触发器
CC4027	边沿	CMOS	上升沿	双上升沿 JK 触发器
CC4095	边沿	CMOS	上升沿	上升沿 JK 触发器

9.3.2 集成 D 触发器芯片

目前,集成 D 触发器芯片符合工业标准的产品系列众多,在产品维护及设计选材时,只要根据具体的需要进行选取即可。本节以集成 D 触发器 74LS74 为例,介绍其逻辑功能及应用特性。

74LS74 属于上升沿触发的双边沿 D 触发器(有置位和复位端)集成电路。可以实现两组 D 触发器逻辑功能,且每组均具有独立的置位和复位功能。74LS74 引脚图和逻辑符号如图 9-14 所示。

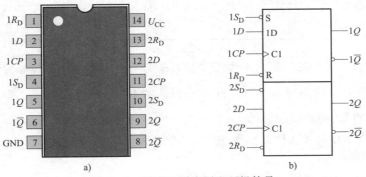

图 9-14 74LS74 引脚图和逻辑符号

a) 引脚图 b) 逻辑符号

实验告诉你:

集成 D 触发器 74LS74 的逻辑功能测试

/器材/ 集成 D 触发器 74LS74、数字电路实验箱及相关附件。

/内容/ 图 9-15 所示为 74LS74 逻辑功能测试电路。其中 $\overline{R}_D$、$\overline{S}_D$、D 端接逻辑开关,CP 端接单次脉冲源,输出端 Q、$\overline{Q}$ 端接至逻辑电平显示输入插口。

(1) 测试 $\overline{R}_D$、$\overline{S}_D$ 的复位、置位功能 测试方法同 74LS76 的实验内容。请仿照表 9-6,自拟表格记录测试结果。

(2) 逻辑功能测试 使 $\overline{R}_D = \overline{S}_D = 1$,按表 9-8 要求进行测试,并观察触发器状态转换是否发生在 CP 脉冲的上升沿,并在表 9-8 相应栏目中记录。

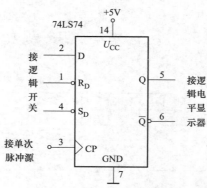

图 9-15 集成 D 触发器 74LS74 逻辑功能测试电路

表 9-8 D 触发器逻辑功能测试

D	Q^n	CP	Q^{n+1}	D	Q^n	CP	Q^{n+1}
0	0	↑	0	1	0	↑	1
		↓	0			↓	0
	1	↑	0		1	↑	1
		↓	1			↓	1

/结论/ 由表 9-8 可见，集成 D 触发器 74LS74 当异步复位、置位端全部置 1，即 $\overline{R}_D = \overline{S}_D = 1$ 时，触发器输出状态与 D 相同。此外，和基本 RS 触发器的用法一样，不允许异步复位、置位端同时有效，即 $\overline{R}_D = \overline{S}_D = 0$。

/思考/ 利用 74LS74 可否构成 JK 触发器？若能，试绘制其实验电路，并验证电路逻辑功能。

常用集成 D 触发器

常用集成 D 触发器见表 9-9。

表 9-9 常用集成 D 触发器

型号	电路结构	开关器件	触发方式	类型
74LS174	边沿	TTL	上升沿	六上升沿 D 触发器
74LS175	边沿	TTL	上升沿	四上升沿 D 触发器
CC4013	边沿	CMOS	上升沿	双上升沿 D 触发器
CC40174	边沿	CMOS	上升沿	六上升沿 D 触发器

9.4 技能实训 制作四人智力竞赛抢答器

【实训目的】

1. 学会识别集成触发器及与非门、非门等常用数字集成电路。

2. 掌握利用万用表测试、判断集成触发器好坏的基本方法。

3. 熟悉四人智力竞赛抢答器工作原理。

4. 会安装四人智力竞赛抢答器电路。

5. 会调试四人智力竞赛抢答器电路。

【设备与材料】 四人智力竞赛抢答器元器件明细见表 9-10。

表 9-10 四人智力竞赛抢答器元器件明细表

序　号	名　　称	代　号	型号规格	数　量
1	JK 触发器	$IC_1 \sim IC_4$	74LS76	4
2	非门	IC_5	74LS04	1
3	与非门	IC_6	74LS20	1
4	按钮	$S_1 \sim S_5$	微型动合式	5
5	发光二极管	$LED_1 \sim LED_4$	ϕ5mm 发光二极管	4
6	电阻器	$R_1 \sim R_4$	510Ω	4
7	电阻器	R_5	5.1K	1
8	直流电源	U_{CC}	5V	1
9	实验板			1
10	导线		ϕ0.5mm	若干

【工作原理】 图 9-16 所示为四人智力竞赛抢答器电路原理图。其中 $IC_1 \sim IC_4$ 选用集成 JK 触发器 74LS76，S_1、S_2、S_3 和 S_4 为四路抢答开关，S_5 为主持人控制的复位开关。抢答前主持人操作开关 S_5 使抢答有效指示灯 $LED_1 \sim LED_4$ 熄灭，当 $S_1 \sim S_4$ 任意按钮按下时，其对应的指示灯 LED 亮，同时其余的按钮 S 不起作用，即其对应的指示灯灭。

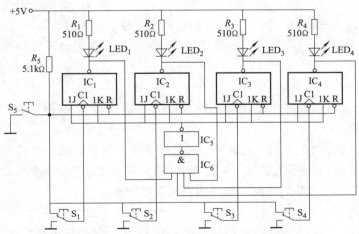

图 9-16　四人智力竞赛抢答器电路原理图

74LS04 的实物外形与引脚排列如图 9-17 所示。

74LS20 的实物外形与引脚排列如图 9-18 所示。

a)   b)

图 9-17　74LS04 的实物外形与引脚排列

a）实物外形　b）引脚排列

a)   b)

图 9-18　74LS20 的实物外形与引脚排列

a）实物外形　b）引脚排列

【实训方法与步骤】

1. 观察 74LS76、74LS04、74LS20 和发光二极管外部形状，并区分引脚。

2. 用指针式万用表的 R×100 或 R×1k 档检测元器件质量的好坏，并进行筛选。

3. 按照图 9-16 所示四人智力竞赛抢答器电路原理图，在实验板（或印制电路板）上正确连接电路。

4. 电路调试

1）通电前检查：对照电路原理图检查 74LS76、74LS04、74LS20 和发光二极管的连接极性及电路的连线。

2）试通电：接通 +5V 电源，观察电路的工作情况。如正常则进行下一环节检查。

3）通电观测：分别操作按钮 S_5 和 $S_1 \sim S_4$，观察发光二极管 $LED_1 \sim LED_4$ 工作状态是否符合控制要求，能利用万用表排除调试中出现的简单问题。

【分析与思考】

1. 能否用 74LS76 输出端 Q 控制指示灯 $LED_1 \sim LED_4$？若能该怎样接线。

2. 能否用集成 D 触发器 74LS74 制作四人智力竞赛抢答器？若能试画出电路图。

【撰写实训报告】　实训报告内容包括实训数据记录，原理分析和数据分析等。

【实训考核评分标准】　实训考核评分标准见表 9-11。

表 9-11　实训考核评分标准

序号	项　　目	分值	评分标准
1	74LS76、74LS04、74LS20 及发光二极管测试	20	1. 能正确使用万用表测量 74LS76、74LS04、74LS20 引脚静态电阻并判别集成电路性能好坏,得 15 分 2. 能判别发光二极管性能好坏,5 分 3. 测量结果不正确,视情节扣分
2	四人智力竞赛抢答器安装	30	1. 会合理选择元器件,得 15 分 2. 电路安装正确,得 15 分 3. 不会合理选择元器件,安装不正确,视情节扣分
3	四人智力竞赛抢答器调试	20	1. 能按调试要求进行调试,且能排除调试中出现的简单问题,得 20 分 2. 不能按要求完成调试,视情节扣分
4	安全文明操作	15	1. 工作台面整洁,工具摆放整齐,得 5 分 2. 严格遵守安全文明操作规程,得 10 分 3. 工作台面不整洁,违反安全文明操作规程,酌情扣分
5	实训报告	15	1. 实训报告内容完整、正确,质量较高,得 15 分 2. 内容不完整,书写不工整,适当扣分

小　结

1. 触发器是指具有记忆功能的二进制信息存储器件,具有互补输出 Q、$\overline{Q}$。它是构成时序逻辑电路的基本单元电路。

2. 根据触发器逻辑功能的不同,可分为 RS 触发器、JK 触发器、D 触发器等几种类型,同一种逻辑功能的触发器可以有各种不同的电路结构形式和制造工艺。

3. RS 触发器具有置位、复位、保持逻辑功能,常用作简单寄存器。一般功能复杂的触发器除其本身逻辑功能外,还具有异步置位、异步复位功能。

4. JK 触发器功能齐全,具有很强的通用性,且通过扩展其基本逻辑功能可以实现多功能触发器开发与应用。

5. D 触发器结构简单、价格便宜,可用作数码寄存器。

习　题

9-1　填空题

1）触发器具有两个互补输出端 Q、$\overline{Q}$,当触发器工作于 1 状态时 $Q =$ _____,工作于 0 状态时 $Q =$ _____。

2）触发器按逻辑功能不同可分为_____触发器、_____触发器和_____触发器等。

3）在一个 CP 脉冲作用下,引起触发器两次或多次翻转的现象称为触发器的_____,触发方式为_____或_____的触发器不会出现这种现象。

9-2　选择题

1）触发器由门电路组成,但它不同于门电路的功能,主要特点是（　　）。

A. 和门电路功能一样　　　　B. 具有记忆功能　　　　C. 没有记忆功能

2）在下列触发器中，具有约束条件的是（　　　）。

A. 主从 JK 触发器　　　　B. 边沿 D 触发器　　　　C. 同步 RS 触发器

3）描述触发器逻辑功能的方法有（　　　）（多选）。

A. 状态转换真值表　　　　B. 状态转换图　　　　C. 波形图

9-3　判断题

1）主从 JK 触发器、边沿 JK 触发器的逻辑功能完全相同。（　　　）

2）同步触发器存在空翻现象，而边沿触发器和主从触发器克服了空翻。（　　　）

3）对边沿 JK 触发器，在 CP 为高电平期间，当 $J=K=1$ 时，状态翻转一次。（　　　）

4）触发器的两个输出端 Q 和 $\overline{Q}$ 分别表示触发器的两种不同的状态。（　　　）

9-4　触发器与门电路比较，二者有何区别？

9-5　基本 RS 触发器的电路构成是怎样的？写出它的状态真值表。

9-6　同步 RS 触发器的功能表是什么？与基本 RS 触发器比较有什么不同？

9-7　写出 D 触发器的状态真值表。

9-8　根据 JK 触发器的状态真值表说明，当输入信号 J 与 K 不相同时，Q^{n+1} 与哪一输入信号相同？若 J 与 K 均为 1 时，触发器的状态将如何改变？

9-9　芯片 CC4096 为主从 JK 触发器。试查阅电子器件手册，画出逻辑符号和功能表，并说明其逻辑功能。

9-10　按如下规定的要求，画出相应 JK 触发器的逻辑符号：

1）CP 的上升沿触发，置 0、置 1 端高电平有效。

2）CP 的下降沿触发，置 0、置 1 端低电平有效。

9-11　JK 触发器的初态 $Q^n=1$，CP 的上升沿触发。试根据图 9-19 所示的输入波形，画出输出 Q^{n+1} 的波形。

图 9-19　习题 9-11 图

9-12　图 9-20a 所示的触发器，初态为 0，试根据图 9-20b 给出的 CP 脉冲波形，画出输出 Q 的波形。若 CP 脉冲的周期为 $10\mu s$，求输出脉冲的频率。

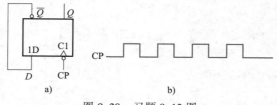

图 9-20　习题 9-12 图

9-13　图 9-21a 所示的电路中，触发器的初态为 0，输入端 A、B、CP 的波形如图 9-20b 所示。试求：

1）在 CP 作用下，输入信号 A、B 与输出 Q 的逻辑关系（真值表）。

2）根据图 9-21b 所示的 A、B、CP 波形，画出对应的输出波形。

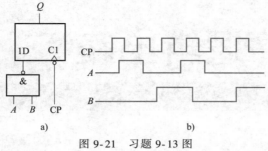

a)   b)

图 9-21 习题 9-13 图

第10章

时序逻辑电路

本章导读

知识目标

1. 掌握常用集成时序逻辑器件的逻辑功能和应用。
2. 了解时序逻辑电路逻辑功能描述方法及分析方法。
3. 了解寄存器和计数器的逻辑功能和应用。

技能目标

1. 会验证寄存器和计数器的逻辑功能。
2. 会用万用表测试集成时序逻辑器件的性能好坏。
3. 会组装与调试秒计数器。
4. 会查阅集成电路手册，会利用网络搜索查找集成时序逻辑器件的功能参数，
   能按要求选用集成时序逻辑器件。

10.1 时序逻辑电路概述

 话题引入

在工程技术中，数字电路除了组合逻辑电路外，还有另外一类逻辑电路，其功能特点是任一时刻，电路的输出状态不仅取决于该时刻的输入状态，还与前一时刻电路的状态有关，具有这种功能特点的电路称为时序逻辑电路。它通过存储器件记忆输入信号的原始状态，从而可以解决组合逻辑电路无法解决的"记忆"问题，拓宽了逻辑设计的应用领域。

10.1.1 时序逻辑电路的基本特征

时序逻辑电路的一般模型如图 10-1 所示，它由组合逻辑电路和具有记忆逻辑功能的存

储电路组成。

图 10-1 中，X_1、$\cdots$、X_k 表示输入信号；Z_1、$\cdots$、Z_m 表示输出信号；Q_1、$\cdots$、Q_r 表示存储电路的输出信号，通常用来表示电路现在所处的状态，简称现态；Y_{11}、Y_{1y}、Y_{21}、$\cdots$、Y_{ry} 表示存储电路的输入信号，它关系着电路将要到达的下一个状态（简称次态）。

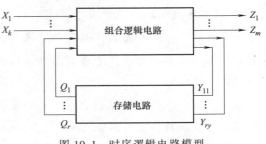

图 10-1　时序逻辑电路模型

在工程技术中，时序逻辑电路中可用的存储器件种类很多，以集成触发器的应用最为广泛。

与组合逻辑电路相比，时序逻辑电路具有以下两个基本特征：

1）结构上存在输出端到输入端的反馈通道，或有存储器件。

2）存储电路的输出状态反馈到组合逻辑电路的输入端，并与输入信号一起，共同决定组合逻辑电路的输出，即电路具有记忆功能。

10.1.2　时序逻辑电路的种类

时序逻辑电路可分为同步时序电路和异步时序电路两种。

在同步时序逻辑电路中，所有触发器状态的变化都是在同一时钟脉冲控制下同时发生的。而在异步时序逻辑电路中，触发器状态的变化不是同时发生的。

由于时钟脉冲只决定同步时序电路的状态变化时刻，因此分析和设计同步时序电路时，通常只将时钟脉冲 CP 看作时间基准，而不看作输入变量。时序电路的现态和次态也根据 CP 脉冲进行区分，某个时钟脉冲作用前电路所处的状态称为现态，时钟脉冲作用后的状态称为次态。

异步时序电路又可以根据输入信号特征的不同，进一步划分为电平型异步时序电路和脉冲型异步时序电路。其中电平型异步时序电路没有通常意义下的时钟脉冲输入，其状态转换由输入信号的电平变化直接引起。脉冲型异步时序电路虽有时钟脉冲信号输入，但各个触发器并没有使用统一的时钟，各触发器的状态变化也不是同时发生的，而是异步变化的。

在这两种时序逻辑电路中，同步时序电路具有工作速度快、可靠性高、分析和设计方法简单等突出优点，因而应用广泛。本书重点介绍了同步时序电路，对相对简单的脉冲型异步时序电路-异步计数器只作简单介绍。

10.2　寄　存　器

 话题引入

1971 年，INTEL 公司推出了世界上第一款 CPU（中央处理器）4004，为计算机的普及和发展奠定了技术基础。CPU 是计算机的核心部件，被称为计算机的"心脏"，而寄存器又

是 CPU 的主要组成之一，常用于信息的接收、暂存、传递数码、指令等操作。寄存器是由触发器构成的，一个触发器有两种稳定状态，可以存放 1 位二进制数码。存放 n 位二进制数码需要 n 个触发器。为了使寄存器能够按照指令接收、存放、传递数码，有时还需配备一些起控制作用的门电路。

迄今为止，人们已经研制出了许多种寄存器电路。根据逻辑功能的不同，可以将它们分为数据寄存器和移位寄存器两大类。

10.2.1 数码寄存器

存放数码的时序逻辑器件称为数码寄存器，简称寄存器。

图 10-2 所示为利用 D 触发器组成的 4 位数码寄存器。图中 $\overline{R}_D$ 为异步复位端，CP 为时钟脉冲，$D_0 \sim D_3$ 为并行数码输入端，$Q_0 \sim Q_3$ 为并行数码输出端。

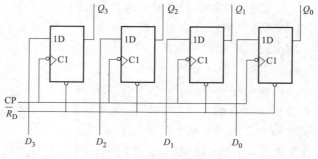

图 10-2 4 位数码寄存器

【清零】 当 $\overline{R}_D = 0$ 时，各触发器直接复位，$Q_3 \sim Q_0$ 均为 0 态，即 $Q_3 Q_2 Q_1 Q_0 = 0000$。当寄存器正常工作时，应使 $\overline{R}_D = 1$。

【接收数据】 如要存放的数据是 1011，将数据 1011 加到对应的输入端 D，即 $D_3 D_2 D_1 D_0 = 1011$，当 CP 下降沿到来后，各触发器的输出状态与输入端状态相同，即 $Q_3 Q_2 Q_1 Q_0 = 1011$，于是 4 位数据便接收到寄存器中。

【保存数据】 CP 脉冲信号消失后，各触发器处于保持状态，寄存器保存数据 1011。

【输出数据】 该寄存器的 4 个输出端并行排列，所以其状态可以同时输出，即 $Q_3 Q_2 Q_1 Q_0 = 1011$。

由于该寄存器能同时输入、输出 4 位数码，故称为 4 位并行输入、并行输出数码寄存器。

实验告诉你：

8 位数码寄存器逻辑功能测试

/器材/ 集成 8D 触发器 74LS273、数字电路实验箱及相关附件。

/内容及现象/ 图 10-3 所示为数码寄存器逻辑功能测试电路。其中异步复位端 $\overline{R}_D$、

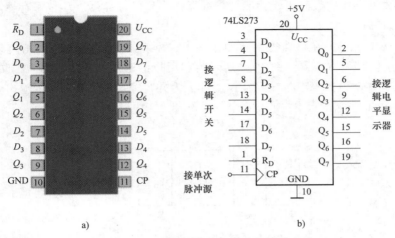

图 10-3 8 位数码寄存器逻辑功能测试电路

a) 74LS273 引脚图 b) 测试电路

$D_7 \sim D_0$ 接逻辑开关，CP 接单次脉冲源，输出端 $Q_7 \sim Q_0$ 接逻辑电平显示输入插口，按表10-1 的要求进行测试并在相应的栏目内记录测试结果。

表 10-1 8 位数据寄存器实验记录

测 试 条 件										测 试 记 录							
$\overline{R}_D$	CP	D_7	D_6	D_5	D_4	D_3	D_2	D_1	D_0	Q_7	Q_6	Q_5	Q_4	Q_3	Q_2	Q_1	Q_0
0	×	×	×	×	×	×	×	×	×	0	0	0	0	0	0	0	0
1	↑	0	0	0	0	0	1	0	0	0	0	0	0	0	1	0	0
1	↑	0	0	0	0	0	1	1	0	0	0	0	0	0	1	1	0
1	↑	0	0	0	0	1	1	1	1	0	0	0	0	1	1	1	1
1	↑	0	0	1	0	1	0	1	0	0	0	1	0	1	0	1	0
1	↑	0	1	0	0	0	1	1	1	0	1	0	0	0	1	1	1
1	↑	1	0	0	0	1	1	1	0	1	0	0	0	1	1	1	0
1	↑	1	1	1	1	1	1	1	1	1	1	1	1	1	1	1	1

/结论/ 由表 10-1 可知，将 $\overline{R}_D$ 置 0 时，8 位数据寄存器复位，输出端 $Q_7 \sim Q_0$ 全为 0。当 $\overline{R}_D = 1$，且 CP 上升沿到来后，8 位数据寄存器输出信号等于对应输入信号。故数据寄存器具有预置数码、接收数据、寄存数据和输出数据的基本逻辑功能。

注意！

1. 本实验连接的引脚多，应仔细检查并核对电路连接是否正确。

2. 表 10-1 所列的测试条件可自行设定。

10.2.2 移位寄存器

具有寄存数码及移位数码逻辑功能的寄存器称为移位寄存器。移位寄存器可分为单向移位寄存器和双向移位寄存器。

【单向移位寄存器】 在移动控制脉冲作用下，寄存器所寄存数码只能向某一方向移动的寄存器称为单向移位寄存器。图 10-4 所示为利用边沿触发结构 D 触发器组成的 4 位右移移位寄存器。图中 D 为数码串行输入端，$Q_3 \sim Q_0$ 为并行输出端，Y 为串行输出端，时钟脉冲信号 CP 为移位控制脉冲。

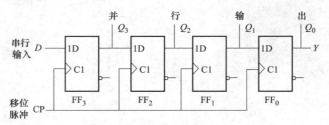

图 10-4 4 位右移移位寄存器

由图 10-4 可知，$Q_3^{n+1} = D$，$Q_2^{n+1} = Q_3^n$，$Q_1^{n+1} = Q_2^n$，$Q_0^{n+1} = Q_1^n$。在移位脉冲信号作用下，当前输入数码寄存到 FF_3 中，FF_3 的原状态寄存到 FF_2 中，依此类推，即可实现输入数码在移位脉冲信号的作用下向右移位的逻辑功能。

设串行输入数据 $D = 1001$，且电路初始状态为 $Q_3 Q_2 Q_1 Q_0 = 0000$。当输入第一个数码 1 时，则在第一个移位脉冲信号 CP 的上升沿作用下，FF_3 的输出状态 $Q_3 = 1$，即第一位数码寄存于 FF_3 中。同时 FF_3 原状态 0 移位至 FF_2 中，数码向右移了一位，同理 FF_2、FF_1 的数码也都依次向右移了一位。这时，寄存器的状态为 $Q_3 Q_2 Q_1 Q_0 = 1000$。当输入第二个数码 0 时，在第二个移位脉冲上升沿作用下，FF_3 的输出状态 $Q_3 = 0$，即第二位数码寄存于 FF_3 中。同时，FF_3 原状态 1 移位至 FF_2 中，即 $Q_2 = 1$。同理 $Q_1 = Q_0 = 0$，移位寄存器中的数码又依次向右移了一位。依此类推，在 4 个移位脉冲信号作用下，输入的 4 位串行数码 1001 全部存入了寄存器中，移位情况见表 10-2。

表 10-2 4 位右移移位寄存器状态表

CP	D	Q_3^n	Q_2^n	Q_1^n	Q_0^n	Q_3^{n+1}	Q_2^{n+1}	Q_1^{n+1}	Q_0^{n+1}
×	0	0	0	0	0	0	0	0	0
↑	1	0	0	0	0	1	0	0	0
↑	0	1	0	0	0	0	1	0	0
↑	0	0	1	0	0	0	0	1	0
↑	1	0	0	1	0	1	0	0	1

图 10-4 所示移位寄存器中的数码可由 Q_3、Q_2、Q_1、Q_0 并行输出，也可以从 Y 端串行输出，但这时需要继续输入 4 个移位脉冲才能从寄存器中取出寄存的 4 位数码 1001。

图 10-5 所示为利用边沿触发结构 D 触发器组成的 4 位左移移位寄存器。其工作原理与 4 位右移移位寄存器相同。

【双向移位寄存器】 在移动控制脉冲作用下，能做右移位和左移位的寄存器称为双向移位寄存器。

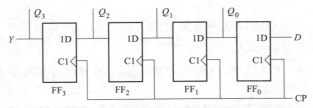

图 10-5　4 位左移移位寄存器

图 10-6 所示为 4 位双向移位寄存器 74LS194 引脚图和逻辑功能示意图。图中 $\overline{CR}$ 为置 0（复位）端，$D_0 \sim D_3$ 为并行数码输入端，D_{SR} 为右移串行数码输入端，D_{SL} 为左移串行数据输入端，$Q_0 \sim Q_3$ 为并行输出端，CP 为移位脉冲输入端（上升沿有效），M_0、M_1 为工作方式控制端。74LS194 逻辑功能见表 10-3。

由表 10-3 可见，利用工作方式控制端 M_1、M_0 的不同取值组合可以使寄存器实现不同的逻辑功能。

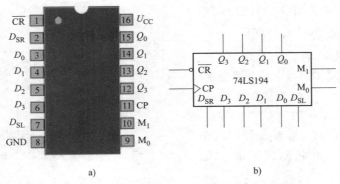

图 10-6　74LS194 的引脚图和逻辑功能示意图
a）引脚图　b）逻辑功能示意图

表 10-3　74LS194 逻辑功能表

$\overline{CR}$	M_1	M_0	D_3	D_2	D_1	D_0	Q_3^{n+1}	Q_2^{n+1}	Q_1^{n+1}	Q_0^{n+1}	功能说明
0	×	×	×	×	×	×	0	0	0	0	置 0
1	0	0	×	×	×	×	Q_3^n	Q_2^n	Q_1^n	Q_0^n	保持
1	0	1	×	×	×	×	D_{SR}	Q_3^n	Q_2^n	Q_1^n	右移
1	1	0	×	×	×	×	Q_2^n	Q_1^n	Q_0^n	D_{SL}	左移
1	1	1	X_3	X_2	X_1	X_0	X_3	X_2	X_1	X_0	并行置数

1）当 $M_1 M_0 = 00$ 时，不论移位脉冲 CP 为何值，寄存器中数据保持不变。

2）当 $M_1 M_0 = 01$ 时，寄存器实现数码右移逻辑功能，数码由 D_{SR} 串行输入，在移位脉冲 CP 控制下，依次向 Q_3、Q_2、Q_1、Q_0 方向移动，数据可以从 Q_0 串行输出，也可以从 $Q_3 \sim Q_0$ 并行输出。

3）当 $M_1 M_0 = 10$ 时，寄存器实现数码左移逻辑功能，数码由 D_{SL} 串行输入，在移位脉冲 CP 控制下，依次向 Q_0、Q_1、Q_2、Q_3 方向移动，数据可以从 Q_3 串行输出，也可以从 $Q_0 \sim Q_3$

并行输出。

4) 当 $M_1M_0 = 11$ 时，寄存器实现并行置数逻辑功能，在移位脉冲 CP 控制下，数码由 $D_3 \sim D_0$ 并行输入各触发器，由 $Q_3 \sim Q_0$ 并行输出。

此外，当 $\overline{CR} = 0$ 时，寄存器实现置 0 逻辑功能，即寄存器寄存数据均清零；当 $\overline{CR} = 1$ 时，寄存器实现其他逻辑功能。

实验告诉你：

4 位双向移位寄存器 74LS194 的逻辑功能研究

/器材/ 4 位双向移位寄存器 74LS194、数字电路实验箱及相关附件。

/内容/ 图 10-7 所示为 74LS194 逻辑功能验证实验电路。其中 $\overline{CR}$、M_1、M_0、D_{SR}、D_{SL}、D_0、D_1、D_2、D_3 分别接至逻辑开关，Q_0、Q_1、Q_2、Q_3 接至逻辑电平显示输入插口，CP 端接单次脉冲源。按表 10-4 所规定的输入状态，按照清零、并行置数、右移、左移、保持这 5 项，逐项进行测试。并将测试记录填入表 10-4 中。

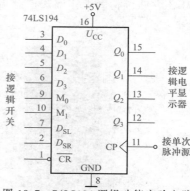

图 10-7 74LS194 逻辑功能实验电路

表 10-4 74LS194 逻辑功能测试

$\overline{CR}$	M_1	M_0	CP	D_{SL}	D_{SR}	D_3	D_2	D_1	D_0	Q_3^{n+1}	Q_2^{n+1}	Q_1^{n+1}	Q_0^{n+1}	功能总结
0	×	×	×	×	×	×	×	×	×					
1	×	×	0	×	×	×	×	×	×					
1	1	1	↑	×	×	X_3	X_2	X_1	X_0					
1	0	1	↑	×	×	×	×	×	×					
1	0	1	↑	×	0	×	×	×	×					
1	1	0	↑	1	×	×	×	×	×					
1	1	0	↑	0	×	×	×	×	×					
1	0	0	↑	×	×	×	×	×	×					

/结论/ 由表 10-4 可见，4 位双向移位寄存器 74LS194 按规定确定输入状态时，输出状态随之变化。且符合双向移位寄存器逻辑功能。即 74LS194 具有置 0、并行置数、右移、左移、保持逻辑功能。

常用 74LS 系列移位寄存器

常用 74LS 系列移位寄存器见表 10-5。

表 10-5 常用 74LS 系列移位寄存器

型　号	位　数	输入方式	输出方式	移位方式
74LS91	8	串行输入	串行输出	右移
74LS96	5	串、并行输入	串、并行输出	右移
74LS195	4	串、并行输入	串、并行输出	右移
74LS198	8	串、并行输入	串、并行输出	双向移位

10.3 计　数　器

 话题引入

在工程技术中，用来统计和存储输入时钟脉冲 CP 个数的电路，称为计数器（Counter）。主要用于计数、定时、分频、产生节拍脉冲序列和数字运算等领域，是数字系统中使用最多的时序逻辑器件。

10.3.1 异步二进制计数器

计数脉冲只加到部分触发器的时钟脉冲输入端上，而其他触发器的触发信号则由电路内部提供，应翻转的触发器状态更新有先有后的二进制计数器，称为异步二进制计数器。也称为串行二进制计数器。

【电路结构】 图 10-8 所示为用 4 个 JK 触发器组成的 4 位异步二进制加法计数器。图中 JK 触发器都接成 T' 触发器，即每当 CP 脉冲下降沿到来时，触发器的状态就翻转一次。计数脉冲接入最低位触发器的时钟脉冲输入端 CP，低位触发器的输出端 Q 接至相邻高位触发器的时钟脉冲输入端 CP，即高位触发器在相邻低位触发器的状态由 1 变为 0 时翻转。

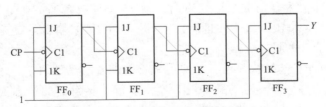

图 10-8　4 位异步二进制加法计数器逻辑电路

【工作原理】 计数器工作前先清零，即计数器的初始状态为 $Q_3Q_2Q_1Q_0 = 0000$。

当第一个 CP 脉冲下降沿到来时，触发器 FF_0 翻转，Q_0 由 0 变 1。FF_1 的 CP 控制端无下降沿信号不能翻转，于是第一个 CP 脉冲过后，计数器的状态为 $Q_3Q_2Q_1Q_0 = 0001$。

当第二个 CP 脉冲下降沿到来时，FF_0 翻转，Q_0 由 1 变 0。Q_0 产生的下降沿信号加至 FF_1

的 CP 控制端，FF_1 翻转，Q_1 由 0 变 1，FF_2 无下降沿信号不能翻转，于是第二个 CP 脉冲过后，计数器的状态为 $Q_3Q_2Q_1Q_0 = 0010$。

依次类推，当第 15 个 CP 脉冲下降沿到来后，计数器的状态为 $Q_3Q_2Q_1Q_0 = 1111$。

第 16 个 CP 脉冲下降沿到来时，FF_0 翻转，Q_0 由 1 变 0；Q_0 引起 FF_1 翻转，Q_1 由 1 变 0；Q_1 引起 FF_2 翻转，Q_2 由 1 变 0；Q_2 引起 FF_3 翻转，Q_3 由 1 变 0，于是计数器的状态全部重新复位到 $Q_3Q_2Q_1Q_0 = 0000$。以后，当 CP 脉冲下降沿到来时，计数器开始新的计数周期。根据以上分析可列出该计数器的状态表 10-6。

表 10-6　4 位异步二进制加法计数器状态表

CP 的序号	Q_3^n	Q_2^n	Q_1^n	Q_0^n	Q_3^{n+1}	Q_2^{n+1}	Q_1^{n+1}	Q_0^{n+1}	Y
0	0	0	0	0	0	0	0	1	0
2	0	0	0	1	0	0	1	0	0
3	0	0	1	0	0	0	1	1	0
4	0	0	1	1	0	1	0	0	0
5	0	1	0	0	0	1	0	1	0
6	0	1	0	1	0	1	1	0	0
7	0	1	1	0	0	1	1	1	0
8	0	1	1	1	1	0	0	0	1
9	1	0	0	0	1	0	0	1	1
10	1	0	0	1	1	0	1	0	1
11	1	0	1	0	1	0	1	1	1
12	1	0	1	1	1	1	0	0	1
13	1	1	0	0	1	1	0	1	1
14	1	1	0	1	1	1	1	0	1
15	1	1	1	0	1	1	1	1	1
16	1	1	1	1	0	0	0	0	0

【工作特点】　综上所述，该计数器的特点是：

1）各触发器的翻转时刻不统一。Q_0 在 CP 下降沿翻转，Q_1、Q_2、Q_3 分别在 Q_0、Q_1、Q_2 下降沿翻转，所以称为异步计数器。

2）计数器从 0000 计到 1111，按二进制规律计数，所以称为二进制加法计数器。

3）计数器由 4 个触发器组成，计数周期包括 16 个计数状态。如果从 Q_0 输出，就是二进制计数器；如果从 Q_1 输出，就是四进制计数器；如果从 Q_2 输出，就是八进制计数器；如果从 Q_3 输出，就是十六进制计数器。

异步二进制计数器虽然结构简单，但速度较慢（只能逐级翻转），为了提高速度，可将 CP 脉冲信号同时送到每个触发器的脉冲输入端，使每个触发器的状态变化和 CP 计数脉冲同步，这种计数器称为同步计数器。在集成电路器件中，通常都是同步计数器。

 阅读材料

常用集成异步计数器简介

在基本异步计数器的基础上增加一些附加电路，即可构成中规模集成异步计数器。图 10-9 所示为异步

2-5-10 进制计数器 74LS290 的引脚图和逻辑功能示意图。图中 R_{0A} 和 R_{0B} 为置 0 输入端，S_{9A} 和 S_{9B} 为置 9 输入端，CP_0 和 CP_1 分别为二进制计数器和五进制计数器计数脉冲输入端，$Q_0 \sim Q_3$ 为计数器状态输出端。74LS290 逻辑功能见表 10-7。

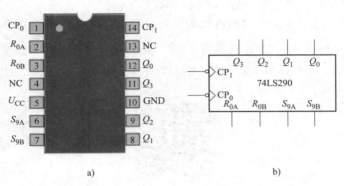

a)   b)

图 10-9　74LS290 引脚图和逻辑功能示意图

a）引脚图　b）逻辑功能示意图

表 10-7　74LS290 逻辑功能表

$R_{0A} \cdot R_{0B}$	$S_{9A} \cdot S_{9B}$	CP	Q_3^{n+1}	Q_2^{n+1}	Q_1^{n+1}	Q_0^{n+1}	逻辑功能
1	0	×	0	0	0	0	置 0
0	1	×	1	0	0	1	置 9
0	0	↓		加法计数			加法计数

由表 10-7 可知，利用 $R_{0A} \cdot R_{0B}$ 和 $S_{9A} \cdot S_{9B}$ 的不同取值组合，可以实现不同的逻辑功能。

当 $R_{0A} \cdot R_{0B} = 1$、$S_{9A} \cdot S_{9B} = 0$ 时，电路实现置 0 逻辑功能，即 $Q_3^{n+1} Q_2^{n+1} Q_1^{n+1} Q_0^{n+1} = 0000$。

当 $R_{0A} \cdot R_{0B} = 0$、$S_{9A} \cdot S_{9B} = 1$ 时，电路实现置 9 逻辑功能，即 $Q_3^{n+1} Q_2^{n+1} Q_1^{n+1} Q_0^{n+1} = 1001$。

当 $R_{0A} \cdot R_{0B} = 0$、$S_{9A} \cdot S_{9B} = 0$ 时，在 CP 脉冲下降沿的作用下，电路实现加法计数逻辑功能。此时，若计数脉冲由 CP_0 输入，输出为 Q_0 时，则电路构成一位二进制计数器；若计数脉冲由 CP_1 输入，输出为 $Q_3 Q_2 Q_1$ 时，则电路构成异步五进制计数器；如将 Q_0 与 CP_1 相连，计数脉冲由 CP_0 端输入，输出为 $Q_3 Q_2 Q_1 Q_0$ 时，则电路构成 8421BCD 码异步十进制计数器；如将 Q_3 与 CP_0 相连，计数脉冲由 CP_1 输入，从高位到低位输出为 $Q_0 Q_3 Q_2 Q_1$ 时，则电路构成 5421BCD 码异步十进制加法计数器。

由以上分析可知，74LS290 具有置 0、置 9 和加法计数等逻辑功能，是一种功能比较全面的 MSI 异步计数器。

计数器的分类

1. 根据计数脉冲引入方式的不同，可分为同步计数器和异步计数器。

2. 根据计数过程中数字的增减趋势，可分为加法计数器、减法计数器和可逆计数器。

3. 根据计数模值（数制）不同，可分为二进制计数器、十进制计数器和任意进制计数器等。

10.3.2 同步二进制计数器

同步二进制计数器是指 CP 脉冲同时作用于所有触发器的 CP 端，触发器状态的翻转同时进行的二进制计数器，也称为并行二进制计数器。

图 10-10 所示为同步 4 位二进制可预置加法计数器 74LS163 引脚图和逻辑功能示意图。图中 CP 为计数脉冲输入端，$\overline{CR}$ 为同步清零端，$\overline{LD}$ 为同步置数端，CT_P 和 CT_T 为工作方式控制端，$D_0 \sim D_3$ 为并行数码输入端，C_0 为进位信号输出端，$Q_0 \sim Q_3$ 为计数器状态输出端。74LS163 逻辑功能见表 10-8。

由表 10-8 可见，当 $\overline{CR} = 0$ 时，在 CP 脉冲上升沿的作用下所有触发器将同时被清零，即 $Q_3^n Q_2^n Q_1^n Q_0^n = 0000$，而且清零操作不受其他输入端状态的影响，电路实现同步清零功能。

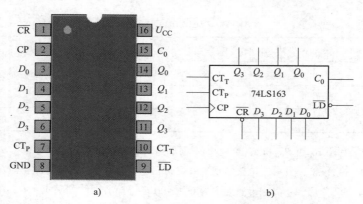

图 10-10 74LS163 引脚图和逻辑功能示意图

a）引脚图 b）逻辑功能示意图

表 10-8 74LS163 逻辑功能表

$\overline{CR}$	$\overline{LD}$	CT_P	CT_T	CP	D_3	D_2	D_1	D_0	Q_3^{n+1}	Q_2^{n+1}	Q_1^{n+1}	Q_0^{n+1}	功能说明
0	×	×	×	↑	×	×	×	×	0	0	0	0	同步清零
1	0	×	×	↑	X_3	X_2	X_1	X_0	X_3	X_2	X_1	X_0	同步置数
1	1	×	0	×	×	×	×	×	Q_3^n	Q_2^n	Q_1^n	Q_0^n	保持
1	1	0	×	×	×	×	×	×	Q_3^n	Q_2^n	Q_1^n	Q_0^n	保持
1	1	1	1	↑	×	×	×	×	加法计数				加法计数

当 $\overline{CR} = 1$、$\overline{LD} = 0$ 时，在 CP 脉冲上升沿的作用下，并行输入的数码 $D_3 D_2 D_1 D_0$ 被置入计数器，即 $Q_3^n Q_2^n Q_1^n Q_0^n = X_3 X_2 X_1 X_0$，电路实现同步置数功能。

当 $\overline{CR} = \overline{LD} = 1$ 且 CT_P 和 CT_T 中有一个为 0 时，计数器的状态保持不变，电路实现保持功能。此时，若 $CT_P = 0$、$CT_T = 1$，则 $C_0 = CT_T Q_3^n Q_2^n Q_1^n Q_0^n = Q_3^n Q_2^n Q_1^n Q_0^n$，即进位输出信号 C_0 由触发器输出状态决定，若 $CT_P = 1$、$CT_T = 0$，则 $C_0 = 0$。

当 $\overline{CR} = \overline{LD} = 1$ 且 $CT_P = CT_T = 1$ 时，在 CP 脉冲上升沿的作用下，电路实现二进制加法计数功能。若从电路的 0000 状态开始连续输入 16 个计数脉冲，电路将从 1111 状态返回 0000 状态。同时进位输出端从高电平跳变至低电平。

由以上分析可知，74LS163 具有同步清零、同步置数、状态保持和计数功能。此外，使用 74LS163 的清零和置数功能，可以方便地构成任意进制同步计数器。

10.3.3 如何利用 74LS163 构成任意进制计数器

构成任意进制同步计数器常用的逻辑功能扩展方法有如下两种：

【反馈归零法】 利用同步计数器的清零功能可获得 M 进制计数器。利用反馈归零法获得 M 进制计数器的方法如下：

1）写出状态 S_{M-1} 的二进制代码。

2）求出反馈归零函数。即根据 S_{M-1} 写置 0 端的逻辑表达式。

3）画出连接图。

例 10-1 试用 74LS163 构成一个十进制计数器。

解： 1）写出状态 S_{M-1} 的二进制代码

$$S_{M-1} = S_{10-1} = (1001)_B$$

2）求反馈归零函数。由于 74LS163 的同步置 0 信号为低电平有效，因此

$$\overline{CR} = \overline{Q_3 Q_0}$$

3）画连线图。由上式可知，对于 74LS163 而言，要实现十进制计数逻辑功能，应将同步置 0 端 $\overline{CR}$ 接 $\overline{Q_3 Q_0}$。同时为了保证 $\overline{CR} = 1$ 时正常计数，$\overline{LD}$、CT_P、CT_T 等控制端均应接高电平 1。连接图如图 10-11 所示。

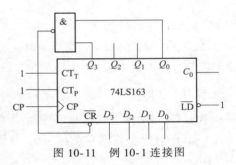

图 10-11 例 10-1 连接图

【反馈置数法】 利用同步计数器的置数功能，也可以灵活地构成各种进制的计数器。利用反馈置数法获得 M 进制计数器的方法与反馈置零法相同。

例 10-2 试用 74LS163 构成一个十二进制计数器。

解： 设计数器状态循环采用前面 12 个状态，则其初始状态为 $Q_3^n Q_2^n Q_1^n Q_0^n = 0000$，因此，并行数码输入信号 $D_3 D_2 D_1 D_0 = 0000$。

1）写出状态 S_{M-1} 的二进制代码

$$S_{M-1} = S_{12-1} = (1011)_B$$

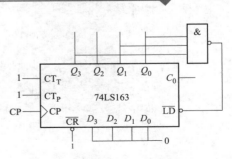

图 10-12 例 10-2 连接图

2）求反馈置数函数。由于74LS163的同步置数信号为低电平有效，因此

$$\overline{LD} = \overline{Q_3 Q_1 Q_0}$$

3）画连线图。由上式可知，对于74LS163而言，要实现十二进制计数逻辑功能，应将同步置数端$\overline{LD}$接$\overline{Q_3 Q_1 Q_0}$。同时为了保证$\overline{LD} = 1$时正常计数，$\overline{CR}$、CT_P、CT_T等控制端均应接高电平1。连接图如图10-12所示。

常用74LS系列二进制计数器

常用74LS系列二进制计数器见表10-9。

表10-9　常用74LS系列二进制计数器

型　　号	模　　数	计数规律	复位方式	触发方式
74LS161	16	加法	异步	上升沿
74LS191	16	单CP，可逆	异步/同步	上升沿
74LS568	16	单CP，可逆	异步/同步	上升沿
74LS569	16	单CP，可逆	异步/同步	上升沿

10.3.4　十进制计数器

二进制计数器具有电路结构简单、运算方便等特点，但是日常生活中我们所接触的大部分都是十进制数，特别是当二进制数的位数较多时，阅读非常困难，还有必要讨论十进制计数器。

图10-13所示为同步十进制可逆计数器74LS192引脚图和逻辑功能示意图。图中$\overline{LD}$为异步置数端、$\overline{CO}$为进位输出端、$\overline{BO}$为借位输出端、CP_D为减法计数脉冲、CP_U为加法计数脉冲、CLR为异步置零端、$D_0 \sim D_3$为预置数输入端、$Q_0 \sim Q_3$为计数输出端。表10-10所列为74LS192的逻辑功能表。

由表10-10可知，当CLR = 1时，不论有无计数脉冲和其他信号输入，输出均为0，即$Q_3^{n+1} Q_2^{n+1} Q_1^{n+1} Q_0^{n+1} = 0000$，计数器工作于异步清零方式。计数器实现其他逻辑功能时，应使CLR = 0。

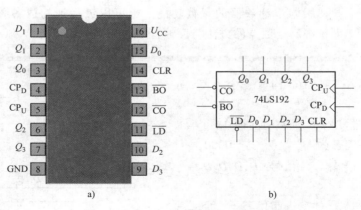

图10-13　74LS192引脚图和逻辑功能示意图
a）引脚图　b）逻辑功能示意图

表 10-10 74LS192 的逻辑功能表

CLR	$\overline{LD}$	CP_U	CP_D	D_3	D_2	D_1	D_0	Q_3^{n+1}	Q_2^{n+1}	Q_1^{n+1}	Q_0^{n+1}	工作方式
1	×	×	×	×	×	×	×	0	0	0	0	异步清零
0	0	×	×	X_3	X_2	X_1	X_0	X_3	X_2	X_1	X_0	异步置数
0	1	↑	1	×	×	×	×	加法计数				计数
0	1	1	↑	×	×	×	×	减法计数				

当 $\overline{LD}=0$ 时，计数器工作于异步置数方式。此时并行输入的预置数 $X_0 \sim X_3$ 被置入计数器相应的触发器中，即 $Q_3^{n+1}Q_2^{n+1}Q_1^{n+1}Q_0^{n+1}=X_3X_2X_1X_0$。

当 $\overline{LD}=1$ 时，计数器实现计数逻辑功能。当进行加法计数时，从 CP_U 输入计数脉冲，同时 CP_D 维持高电平 1，$\overline{CO}$ 是进位输出信号；当进行减法计数时，则计数脉冲从 CP_D 输入，CP_U 维持高电平 1 不变，$\overline{BO}$ 是借位输出信号。

在工程技术中，74LS192 具有异步清零和异步置数功能，因此同样可以使用反馈归零法和反馈置数法来构成任意进制计数器。具体构成法可参照 74LS163 进行。

10.4 技能实训 制作秒计数器

【实训目的】

1. 学会识别集成电路的引脚序号。

2. 掌握十进制计数器和七段译码驱动集成电路的功能及引脚作用。

3. 掌握七段数码管的使用方法，会测量七段数码管的好坏。

4. 掌握数字电路的调试及检测方法。

【设备与材料】 制作秒计数器所需设备及材料明细见表 10-11。

表 10-11 制作秒计数器设备和材料明细表

序 号	名 称	代 号	型号及规格	数 量
1	万用表		MF47	1
2	示波器		YB4320	1
3	5V 直流电源		DC5V	1
4	低频信号发生器			1
5	四—二输入与非门	IC_5	74LS00	
6	同步十进制计数器	IC_1,IC_2	74LS160	2
7	七段译码驱动器	IC_3,IC_4	74LS47	2
8	七段数码管	DS_1,DS_2	共阳极	2
9	排阻	RP_1,RP_2	220Ω	2
10	PCB(印制电路板)			1
11	数字学习机			1
12	导线			若干

【实训电路】 秒计数器电路原理图及 PCB 参考图如图 10-14 所示。

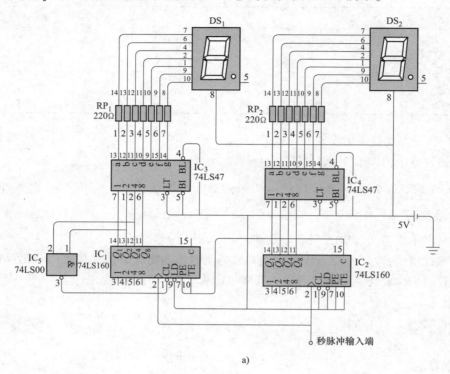

a)

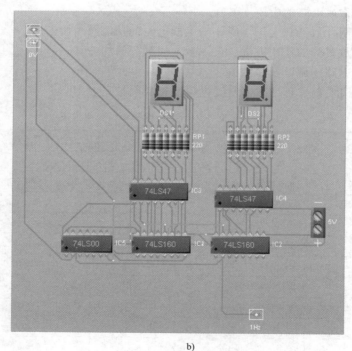

b)

图 10-14 秒计数器电路原理图及 PCB 参考图

a）秒计数器电路原理图　b）秒计数器 PCB 参考图

【实训方法与步骤】

1. 观察各数字集成电路的外部形状,特别是"1"脚标志,学会引脚识别方法。

74LS160 的引脚图如图 10-15 所示,74LS160 的功能表见表 10-12。

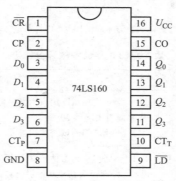

图 10-15　74LS160 的引脚图

表 10-12　74LS160 的功能表

输　　入									输　　出					注　　释
$\overline{CR}$	$\overline{LD}$	CT_P	CT_T	CP	D_3	D_2	D_1	D_0	Q_3^{n+1}	Q_2^{n+1}	Q_1^{n+1}	Q_0^{n+1}	CO	
0	×	×	×	×	×	×	×	×	0	0	0	0	0	清零
1	0	×	×	↑	d_3	d_2	d_1	d_0	d_3	d_2	d_1	d_0		置数 $CO = CT_T \cdot Q_3^n Q_0^n$
1	1	1	1	↑	×	×	×	×	计数					$CO = Q_3^n Q_0^n$
1	1	0	×	×	×	×	×	×	保持					
1	1	×	0	×	×	×	×	×	保持					

74LS47 的实物外形和引脚图如图 10-16 所示。

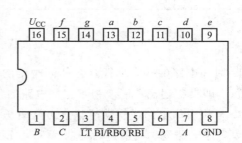

　　　　　a)　　　　　　　　　　　　　　　　　　　　　b)

图 10-16　74LS47 的实物外形和引脚图

a）实物外形　b）引脚图

2. 观察共阳极七段数码管的外形,用万用表测量出其公共阳极和其他段码的引脚。

3. 在数字学习机上搭接电路。

4. 若制作 PCB,可参考图 10-14 所示 PCB 参考图进行制作。

5. 调整低频信号发生器输出频率为 1Hz。

6. 接通电源，并将低频信号发生器输出频率 1Hz 的信号加入秒脉冲输入端。

7. 观察并记录调试现象和数据。

【撰写实训报告】 实训报告的内容包括元器件识别、电路搭接及数据记录，原理和数据分析等。

【实训考核评分标准】 实训考核评分标准见表 10-13。

表 10-13 实训考核评分标准

序号	项　目	分值	评分标准
1	数码管测试	20	1. 会正确使用万用表测量出数码管的公共阳极，并能正确测试出其他段码的引出脚得 20 分 2. 不能准确测试公共阳极及其他段码引出脚的，酌情扣分
2	数字集成电路引脚序号的识别方法	10	1. 会利用一到两种已学方法准确快速地判断各数字集成电路的"1"脚标示，并能正确判断其他引出脚的编号得 10 分 2. 不能准确识读的，酌情扣分
3	排阻的识别及测试	10	1. 能识读常见的排阻，并能凭借万用表准确测试排阻的参数，得 10 分 2. 不能正确使用万用表测试器件参数的，酌情扣分
4	安装电路	20	1. 能根据电路图准确无误安装电路，焊接质量好，无元器件损坏得 20 分 2. 安装不正确，没有成功或损坏元器件的，酌情扣分
5	电路调试	10	1. 会按程序正确使用示波器、万用表进行电路调试，得 10 分 2. 不会进行电路调试的，酌情扣分
6	安全文明操作	15	1. 工作台面整洁，工具摆放整齐，得 5 分 2. 严格遵守安全文明操作规程，得 10 分 3. 工作台面不整洁，违反安全文明操作规程，酌情扣分
7	实训报告	15	1. 实训报告内容完整、正确，质量较高，得 15 分 2. 内容不完整，书写不工整，适当扣分

小　　结

1. 时序电路的基本特征是在任何时刻的输出不仅和输入有关，而且还取决于电路原来的状态，即具有记忆功能。为了记忆电路的状态，时序电路必须包含存储电路。

2. 常用时序电路逻辑功能描述方法有方程组、状态图、状态表。利用这些描述方法可对简单时序电路逻辑功能进行分析。

3. 时序电路可分为同步时序电路和异步时序电路两类。它们的主要区别是，前者的所有触发器受同一时钟脉冲控制，而后者的各触发器则受不同的脉冲源控制。

4. 寄存器是由触发器组成的，用来寄存信息的时序逻辑器件。根据逻辑功能的不同，可以将它们分为数据寄存器和移位寄存器两大类。通常，寄存器应具有预置数码、接收数据、寄存数据和输出数据的基本逻辑功能。

5. 计数器是用来统计和存储输入时钟脉冲 CP 个数的时序逻辑器件。根据计数脉冲引入方式的不同，可分为同步计数器和异步计数器；根据计数过程中数字的增减趋势，可分为加法计数器、减法计数器和可逆计数器；根据计数模值（数制）不同，可分为二进制计数器、十进制计数器和任意进制计数器等。

6. 具有置零和置数功能的中规模集成计数器利用反馈归零法或反馈置数法可构成任意进制计数器。

习 题

10-1 填空题

1）时序逻辑电路由_____和_____两大部分组成。

2）时序逻辑电路按状态转换来分，可分为_____和_____两大类。

3）寄存器可暂存各种数据和信息，从功能分类，通常将寄存器分为_____和_____。

4）根据计数器计数过程中数字的增减趋势，可分为_____、_____和_____三类。

5）一个十进制加法计数器需要由_____JK触发器组成。

10-2 选择题

1）下列逻辑电路中为时序逻辑电路的是（　　　）。

A. 变量译码器　　　　　　　B. 数码寄存器　　　　　　　C. 编码器

2）数码可以串行输入、串行输出的寄存器有（　　　）

A. 数码寄存器　　　　　　　B. 移位寄存器　　　　　　　C. 二者皆可

3）8位移位寄存器，串行输入时经（　　　）个脉冲后，8位数码全部移入寄存器中。

A. 2　　　　　　　　　　　B. 4　　　　　　　　　　　C. 8

4）同步计数器和异步计数器比较，同步计数器的显著优点是（　　　）。

A. 工作速度高　　　　　　　B. 触发器利用率高　　　　　　C. 不受时钟CP控制。

5）N个触发器可以构成最大计数长度（进制数）为（　　　）的计数器。

A. N　　　　　　　　　　B. 2^N　　　　　　　　　　C. $4N$

6）通常集成计数器应具有（　　　）功能。

A. 清0、置数、累计CP个数　B. 存、取数码　　　　　　　C. 两都皆有

10-3 判断题

1）同步时序电路具有统一的时钟CP控制。（　　　）

2）异步时序电路的各级触发器类型不同。（　　　）

3）数码寄存器的工作方式是同步，移位寄存器的工作方式是异步。（　　　）

4）数码寄存器，只具有寄存数码的功能。（　　　）

5）移位寄存器只能串行输出。（　　　）

6）所谓计数器就是具有计数功能的时序逻辑电路。（　　　）

7）异步和同步加法计数器的计数脉冲都是从最低触发器的输入端输入的。（　　　）

10-4 试分析图10-17所示时序逻辑电路的逻辑功能。

10-5 芯片74LS177为可预置二进制计数器。试查阅集成电路手册，画出其逻辑符号和逻辑功能表，并说明其逻辑功能。

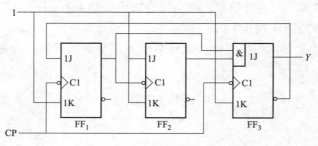

图 10-17 习题 10-4 图

第11章

脉冲波形产生与变换

本章导读

知识目标

1. 了解多谐振荡器、单稳态电路、施密特触发器的功能及基本应用。
2. 了解 555 时基电路的引脚功能和逻辑功能。

技能目标

1. 会用 555 时基电路搭接多谐振荡器、单稳态电路、施密特触发器。
2. 会装配、测试、调整 555 的应用电路。

11.1 脉冲信号波形及其参数

话题引入

随时间连续变化的信号称为模拟信号，而在整个信号周期内短时间发生的信号，大部分信号周期内没有信号，就像人的脉搏一样，这种信号称为脉冲信号，又称为数字信号。

11.1.1 常见的几种脉冲信号波形

"脉冲"是指脉动和短促的意思。我们所讨论的脉冲信号是指在短暂时间间隔内作用于电路的电压或电流。从广义来说，各种非正弦信号统称为脉冲信号。脉冲信号的波形多种多样，图 11-1 给出了几种常见的脉冲信号波形。

11.1.2 脉冲波形参数

为了表征脉冲波形的特性，以便对它进行分析，我们仅以矩形脉冲波形为例，介绍脉冲波形的参数。如图 11-2 所示的矩形脉冲波形，可用以下几个主要参数表示：

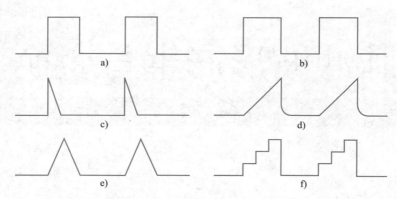

图 11-1　几种常见的脉冲信号波形

a) 矩形波　b) 方波　c) 尖脉冲　d) 锯齿波　e) 三角波　f) 阶梯波

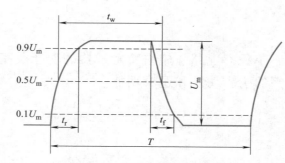

图 11-2　矩形脉冲波形的参数

【脉冲幅度 U_m 】　脉冲电压的最大变化幅度。

【脉冲宽度 t_w 】　从脉冲前沿 $0.5U_m$ 至脉冲后沿 $0.5U_m$ 的时间间隔。

【上升时间 t_r 】　脉冲前沿从 $0.1U_m$ 上升到 $0.9U_m$ 所需要的时间。

【下降时间 t_f 】　脉冲后沿从 $0.9U_m$ 下降到 $0.1U_m$ 所需要的时间。

【脉冲周期 T 】　周期性重复的脉冲中，两个相邻脉冲上相对应点之间的时间间隔。有时也用脉冲重复频率 $f = 1/T$ 表示，f 表示单位时间内脉冲重复变化的次数。

11.2　555 时基电路

 话题引入

555 时基电路是一种中规模集成定时器，应用十分广泛。通常只需外接几个电阻、电容元件，就可以构成各种不同用途的脉冲电路，如多谐振荡器、单稳态电路以及施密特触发器等。

555 时基电路有 TTL 集成定时电路和 CMOS 集成定时电路，它们的逻辑功能与外引线排列相同。

11.2.1 电路组成

图 11-3 所示为 CC7555 的内部电路。由图 11-3 可以看出，电路由电阻分压器、电压比较器、基本 RS 触发器、MOS 管构成的放电开关和输出驱动电路等几部分组成。

【电阻分压器】 电阻分压器由 3 个阻值相同的电阻串联构成。它为两个比较器 C_1 和 C_2 提供基准电平。如果引脚 5 悬空，则比较器 C_1 的基准电平为 $(2/3)U_{DD}$，比较器 C_2 的基准电平为 $(1/3)U_{DD}$。如果在引脚 5 外接电压，则可改变两个比较器 C_1 和 C_2 的基准电平。当引脚 5 不外接电压时，通常接 $0.01\mu F$ 的电容，再接地，以抑制干扰，起到稳定电阻上的分压比的作用。

【比较器】 比较器 C_1 和 C_2 是两个结构完全相同的高精度电压比较器。C_1 的引脚 6 称为高触发输入端（也称阈值输入端）TH，C_2 的引脚 2 称为低触发输入端 TR。当 $U_6 > (2/3)U_{DD}$ 时，C_1 输出高电平，否则输出低电平；当 $U_2 > (1/3)U_{DD}$ 时，C_2 输出低电平，否则输出高电平。比较器 C_1 和 C_2 的输出直接控制基本 RS 触发器的状态。

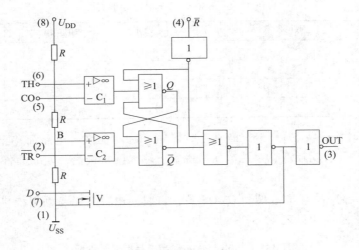

图 11-3 CC7555 内部电路

【基本 RS 触发器】 基本 RS 触发器由两个或非门组成，它的状态由两个比较器的输出控制。根据基本 RS 触发器的工作原理，就可以决定触发器输出端的状态。

$\overline{R}$ 端（引脚 4）是专门设置的可由外电路置"0"的复位端。当 $\overline{R} = 0$ 时，$Q = 0$。平时 $\overline{R} = 1$，即 $\overline{R}$ 端可接 U_{DD} 端。

【放电开关管和输出缓冲级】 放电开关管是 N 沟道增强型 MOS 管，其栅极受基本 RS 触发器 $\overline{Q}$ 端状态的控制。若 $Q = 0$，$\overline{Q} = 1$ 时，放电管 V 导通；若 $Q = 1$，$\overline{Q} = 0$，放电管 V 截止。

两级反相器构成输出缓冲级。采用反相器是为了提高电流驱动能力，同时隔离负载对定时器的影响。

11.2.2 555 集成定时器的功能及特点

【555 集成定时器功能】 555 时基电路是一种中规模集成电路，555 芯片实物图及引脚图如图 11-4 所示。555 集成定时器引出端的功能列于表 11-1。

表 11-1 555 集成定时器引出端功能说明

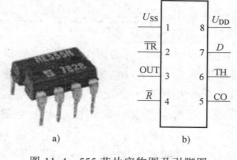

图 11-4 555 芯片实物图及引脚图
a) 实物图 b) 引脚图

序　号	符　号	功　能
1	U_{SS}	接地端
2	$\overline{TR}$	低触发端
3	OUT	输出
4	$\overline{R}$	复位
5	CO	控制电压
6	TH	高触发端
7	D	放电端
8	U_{DD}	接电源端

555 集成定时器的控制功能,见表 11-2。

表 11-2 555 集成定时器功能表

高触发端(u_{TH})	低触发端(u_{TR})	复位端($\overline{R}$)	输出(OUT)	放电管 V
×	×	0	0	导通
$>(2/3)U_{DD}$	$>(1/3)U_{DD}$	1	0	导通
$<(2/3)U_{DD}$	$>(1/3)U_{DD}$	1	原状态	原状态
×	$<(1/3)U_{DD}$	1	1	关断

【555 集成定时器的特点】 555 集成定时器是一种功能强、电路简单、使用十分灵活、便于调节的电路,具有功耗低、电源电压范围宽、输入阻抗极高、定时元件的选择范围大等特点。

555 集成定时器产品有 TTL 型和 CMOS 型,它们的逻辑功能与外引线排列相同,555 集成定时器产品型号及性能见表 11-3。

表 11-3 555 集成定时器产品型号及性能

型号及性能	TTL 型	CMOS 型
单 555 型号的最后几位数码	555	7555
双 555 型号的最后几位数码	556	7556
优点	驱动能力较大	低功耗、高输入阻抗
电源电压工作范围	5~16V	3~18V
负载电流	可达 200mA	可达 4mA

11.3 单稳态电路

话题引入

单稳态电路是一种只有一个稳定状态的电路,它的另一个状态是暂稳态。单稳态电路又

称为单稳态触发器，在外加触发脉冲作用下，电路能够从稳定状态翻转到暂稳状态，经过一段时间后，靠电路自身的作用，将自动返回到稳定状态，并在输出端获得一个脉冲宽度为 t_w 的矩形波。在单稳态电路中，输出的脉冲宽度 t_w 就是暂稳态的维持时间，其长短取决于电路自身的参数，而与触发脉冲无关。

11.3.1　单稳态电路的组成

图 11-5a 所示是用 555 构成的单稳态电路。图中 R、C 为外接定时元件，复位端 $\overline{R}$ 接电源 U_{DD}，TH 端与放电端 D 短接后接 C、R 间连线，CO 端悬空，输入触发信号 u_i 接在低触发 $\overline{TR}$ 端，输出信号 u_o 取自 OUT 端。

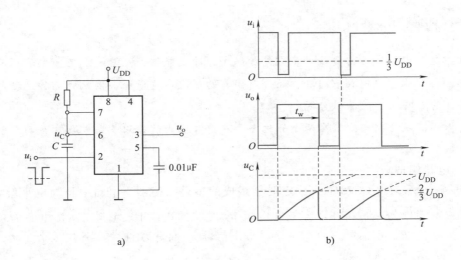

图 11-5　555 构成的单稳态电路

a）电路　b）工作波形图

11.3.2　工作原理

当输入触发器 u_i 为高电平时，$u_{\overline{TR}} = u_i = U_{DD} > U_{DD}/3$，电路输出低电平，$u_o = 0$（理想状态），触发器处于稳态；当触发器脉冲到来时，u_i 为低电平，$u_{\overline{TR}} = u_i = 0 < U_{DD}/3$，电路状态翻转，由稳态变为暂态，电容 C 通过电阻 R 充电，u_C 逐渐升高；当触发脉冲过去后，$u_C > 2U_{DD}/3$ 时，$u_{TH} = u_C > 2U_{DD}/3$，电路状态翻转，由暂态变为稳态，电容 C 通过放电端放电。其输入、输出波形如图 11-5b 所示，555 构成的单稳态电路仿真视频可通过扫一扫二维码观看。

11.3.3　输出脉冲宽度 t_w

输出脉冲宽度按下式计算：

$$t_w \approx RC\ln 3 \approx 1.1RC \qquad (11-1)$$

输出脉冲宽度 t_w 与定时元件 R、C 大小有关，而与电源电压、输入脉冲宽度无关，改变定时元件 R 和 C 可改变输出脉宽 t_w。如果利用外接电路改变 CO 端（5 号端）的电位，则可以改变单稳态电路的翻转电平，使暂稳态持续时间 t_w 改变。

注意！

为了使电路正常工作，要求外加触发脉冲 u_i 的宽度应小于输出脉宽 t_w，且负脉冲 u_i 的数值一定要低于 $U_{DD}/3$。

11.3.4 单稳态电路的应用

单稳态电路是常见的脉冲基本单元电路之一，它被广泛的用作脉冲的定时和延时。

11.4 多谐振荡器

话题引入

在数字电路中，常常需要一种不需外加触发脉冲就能够产生具有一定频率和幅度的矩形波的电路。由于矩形波中除基波外，还含有丰富的高次谐波成分，因此我们称这种电路为多谐振荡器。它常常用作脉冲信号源。

多谐振荡器没有稳态，只有两个暂稳态，在自身因素的作用下，电路就在两个暂稳态之间来回转换。

11.4.1 电路组成

图 11-6a 所示为由 CC7555 集成定时器构成的多谐振荡器。电路中将高电平触发端 TH 和低电平触发端 $\overline{TR}$ 短接后接在电容 C 和电阻 R_2 之间的连线上，复位端 $\overline{R}$ 接电源 U_{DD}，放电端 D 接电阻 R_1、R_2 间连线，CO 端悬空，输出信号 u_o 取自 OUT 端。外接的 R_1、R_2 和 C 为多谐振荡器的定时元件。

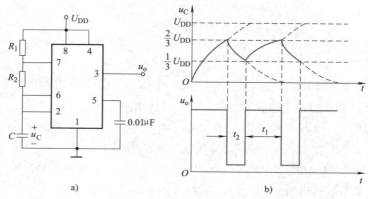

图 11-6　CC7555 构成的多谐振荡器

a）电路　b）工作波形图

11.4.2 工作原理

设电路中电容两端的初始电压为 $u_C = 0$，$u_{\overline{TR}} = u_C < U_{DD}/3$，输出端为高电平，即 $u_o = U_{DD}$，放电端断开。随着时间的增加，电容 C 通过 R_1、R_2 回路充电，u_C 逐渐增高。当 $U_{DD}/3 < u_C < 2U_{DD}/3$ 时电路保持原态，输出维持高电平。u_C 继续升高，当 $u_{TH} = u_C > 2U_{DD}/3$

时，电路状态翻转，输出低电平，$u_o=0$（理想状态）。此时放电端导通，电容 C 通过内部电路放电管放电，u_C 下降。当 $u_{\overline{TR}}=u_C<U_{DD}/3$ 时，电路状态翻转，电容 C 又开始充电，形成振荡。其输入、输出波形如图 11-6b 所示。

由此可见，电路靠电容 C 充电来维持第一暂稳态，其持续时间即为 t_1。电路靠电容 C 放电来维持第二暂稳态，其持续时间为 t_2。电路一旦起振后，u_C 电压总是在 $(1/3\sim2/3)$ U_{DD} 之间变化。

由理论推导可得：第一暂稳态维持时间 t_1

$$t_1\approx0.7(R_1+R_2)C \tag{11-2}$$

第二暂稳持续时间 t_2

$$t_2\approx0.7R_2C \tag{11-3}$$

电路振荡周期 T

$$T=t_1+t_2=0.7(R_1+R_2)C+0.7R_2C\approx0.7(R_1+2R_2)C \tag{11-4}$$

显然，改变 R_1、R_2 和 C 的值，就可以改变振荡器的频率。如果利用外接电路改变 CO 端（5 号端）的电位，则可以改变多谐振荡器高触发端的电平，从而改变振荡周期 T。

由于多谐振荡器电容充、放电途径不同，因而 C 的充电和放电时间常数不同，使输出脉冲的宽度 t_1 和 t_2 也不同。在实际应用中，常常需要调节 t_1 和 t_2。在此，引进占空比的概念。输出脉冲的占空比 D 定义为

$$D=\frac{t_1}{t_1+t_2}=\frac{R_1+R_2}{R_1+2R_2} \tag{11-5}$$

将图 11-6a 所示电路稍加改动，就可得到占空比可调的多谐振荡器，如图 11-7 所示。

在图 11-7 中加了电位器 RP，并利用二极管 VD_1 和 VD_2 将电容 C 的充电回路分开，充电回路为 R_1、VD_1 和 C，放电回路为 C、VD_2 和 R_2。调节电位器 RP，即可改变 R_1 和 R_2 的值，并使占空比 D 得到调节。

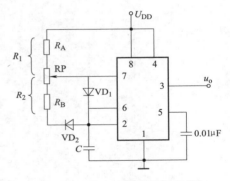

图 11-7　占空比可调的振荡器

实验告诉你：

仿真实验：由 555 定时器组成的多谐振荡器

/器材/　用 Multisim 软件搭建图 11-8 所示由 555 定时器组成的多谐振荡器电路。

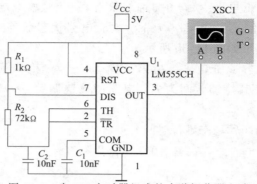

图 11-8　由 555 定时器组成的多谐振荡器电路

/内容和现象/　按下仿真开关，观察示波器显示的输出波形，如图 11-9 所示。

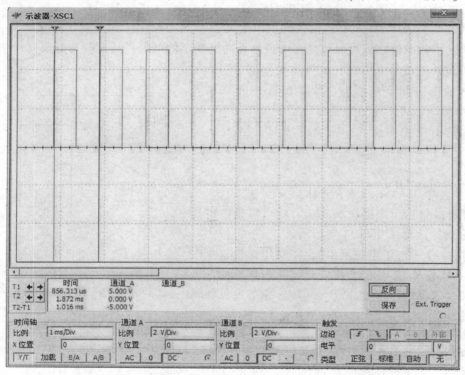

图 11-9　示波器输出波形

用测量标尺测量一周期内输出低电平的时间 $t_1 = 537\mu s$，输出高电平的时间 $t_2 = 507.983\mu s$，振荡周期 $T = 1.015ms$。

根据式（11-2）、式（11-3）和式（11-4），由电路元件参数进行理论计算得：

$$t_1 \approx 0.7(R_1 + R_2)C = 0.7 \times (1 + 72) \times 10^3 \times 10 \times 10^{-9} s \approx 511\mu s$$

$$t_2 \approx 0.7R_2C = 0.7 \times 72 \times 10^3 \times 10 \times 10^{-9} s \approx 504\mu s$$

$$T = t_1 + t_2 = 1015\mu s = 1.015ms$$

$$f = \frac{1}{T} = 985.2Hz$$

$$D = \frac{t_1}{t_1 + t_2} \approx 0.5$$

/结论/：对比仿真图形和理论计算值可见，两种方法得到的多谐振荡器输出的低电平时间 t_1、输出高电平时间 t_2 和振荡周期 T 近似相等。

11.5 施密特触发器

 话题引入

施密特触发器是数字系统中常用的电路之一，它可以把变化缓慢的脉冲波形变换成为数字电路所需要的矩形脉冲。

施密特触发器的特点在于它也有两个稳定状态，但这两个稳定状态的转换需要外加触发信号，而且稳定状态的维持也要依赖于外加触发信号，因此它的触发方式是电平触发。

11.5.1 电路组成

施密特触发器电路组成如图 11-10a 所示，将高电平触发端 TH 和低电平触发端 $\overline{\text{TR}}$ 短接在一起，作为触发器的输入端，复位端 $\overline{R}$ 接电源 U_{DD}，定时器输出 OUT 端作为触发器输出。

11.5.2 工作原理

【工作原理】 由图 11-10a 可知：当 $u_i < U_{\text{DD}}/3$ 时，输出高电平，$u_o = U_{\text{DD}}$；随着 u_i 的增加，当 $U_{\text{DD}}/3 < u_i < 2U_{\text{DD}}/3$ 时，电路状态保持，$u_o = U_{\text{DD}}$；当 $u_i > 2U_{\text{DD}}/3$ 时，电路状态翻转，$u_o = 0$（理想状态）；随着 u_i 继续增加，到最大值并逐渐减小时，电路状态保持 $u_o = 0$；随着 u_i 的继续减少，当 $u_i < U_{\text{DD}}/3$ 时，电路状态又翻转，输出高电平 $u_o = U_{\text{DD}}$。

施密特触发器输入、输出波形如图 11-10b 所示。通过此电路的作用，将输入的正弦波变换成了方波输出。

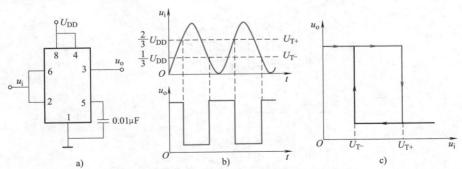

图 11-10 CC7555 构成的施密特触发器

a）电路 b）工作波形 c）电压传输特性曲线

显然，555 定时器构成的施密特触发器，u_i 上升时引起电路状态改变，由输出高电平翻转为输出低电平的输入电压称为上限触发门坎电平 $U_{T+} = 2U_{DD}/3$；下降时引起电路由输出低电平翻转为输出高电平的输入电压称为下限触发电平 $U_{T-} = U_{DD}/3$。两者之差称为回差电压，即

$$\Delta U_T = U_{T+} - U_{T-} \tag{11-6}$$

【回差特性】　施密特触发器的电压传输特性称为回差特性，其曲线如图 11-10c 所示。回差特性是施密特触发器的固有特性。在实际应用中，可根据实际需要增大或减小回差电压 ΔU_T。在图 11-10a 所示电路中，如在控制电压端（引脚 5）外加一电压，则可达到改变回差电压的目的。

11.5.3　施密特触发器的应用

施密特触发器的用途十分广泛，它主要用于波形变化、脉冲波形的整形及脉冲幅度鉴别等。

【波形变换】　将变化缓慢的非矩形波变换为矩形波，如图 11-11 所示。

【脉冲整形】　将一个不规则的或者在信号传送过程中受到干扰而变坏的波形经过施密特触发器，可以得到良好的波形，这就是施密特触发器的整形功能，如图 11-12 所示。

【脉冲幅度鉴别】　利用施密特触发器，可以从输入幅度不等的一串脉冲中，去掉幅度较小的脉冲，保留幅度超过 U_{T+} 的脉冲，这就是幅度鉴别，如图 11-13 所示。

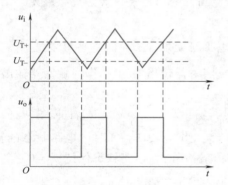

图 11-11　波形变换

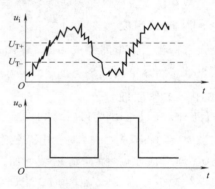

图 11-12　波形的整形

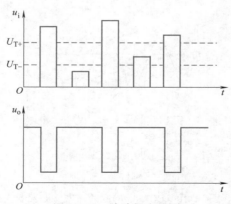

图 11-13　脉冲幅度鉴别

11.6 技能实训 555时基电路及应用

【实训目的】

1. 熟悉555时基电路的工作原理。

2. 熟悉555时基电路的典型应用。

3. 了解定时元件对输出信号周期及脉冲宽度的影响。

【设备与材料】 555时基电路及应用设备与材料明细表见表11-4。

表11-4 555时基电路及应用实训设备与材料明细表

序 号	名 称	代 号	型号规格	数 量
1	555时基电路		CC7555	1
2	电阻器	R_1	1kΩ	1
3	电阻器	R_2	4.7kΩ	1
4	电阻器	R_3	2kΩ	1
5	电阻器	R	33kΩ	2
6	电容器	C_1,C_3	0.1μF	2
7	电容器	C_2	0.01μF	1
8	逻辑开关	S_1、S_2、S_3	单刀双掷	3
9	发光二极管	VL_1、VL_2	LED	2
10	二极管	VD_1、VD_2	1N4007	2
11	直流稳压电源	U_{DD}		1
12	万用表			1
13	连接导线		φ0.5mm	若干
14	数字实验箱			1
15	集成电路起拔器			1

【实训方法与步骤】

1. 识别555时基电路的外形及引脚。

2. 根据图11-14所示电路连线，测试555电路功能，填入表11-5中。其中S_1，S_2，S_3分别接逻辑开关，VL_1，VL_2分别接LED。

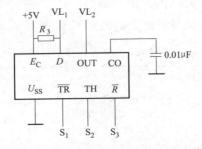

图11-14 测试555电路功能电路连线

表 11-5　测试 555 电路功能数据记录

输　入			输　出	
TH	$\overline{\text{TR}}$	$\overline{R}$	D	OUT
×	×	0		
0	0	1		
0	1	1		
1	0	1		
1	1	1		

3. 如图 11-15，利用 555 构成多谐振荡器，其中，$R_1 = 1 k\Omega$，$R_2 = 4.7 k\Omega$，$C_1 = 0.1 \mu F$，$C_2 = 0.01 \mu F$，利用示波器观察输出波形。

4. 重复以上步骤，将 R_1、R_2 替换成 $R = 33 k\Omega$，将 C_2 替换成 C_3（$0.1 \mu F$），利用示波器观察输出波形。

5. 将步骤 3、4 中所用多谐振荡器电路改为图 11-16 所示电路，重复以上步骤。

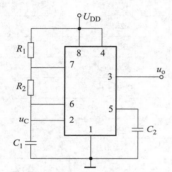

图 11-15　多谐振荡器电路 1

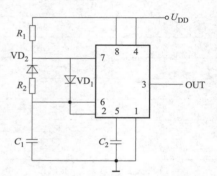

图 11-16　多谐振荡器电路 2

6. 将 555 定时电路连接成单稳态电路，使输入电压信号与单次 CP 脉冲相连，输出接发光二极管。观察发光二极管点亮时间。

【分析与思考】　由 555 构成的多谐振荡器的振荡周期与哪些元器件参数有关？

【撰写实训报告】

1. 画出观察到的波形，标出信号的幅度、周期、脉宽；根据电路参数值验证理论结果。若存在误差，试分析产生误差的原因。

2. 分析讨论步骤 3、4 所获得波形的区别。

3. 试比较多谐振荡电路 1 和 2 的区别。

【实训考核评分标准】　实训考核评分标准见表 11-6。

表 11-6　实训考核评分标准

序号	项　目	分值	评分标准
1	555 时基电路的识别	10	1. 能正确识别 555 时基电路，得 10 分 2. 不能识别者视情节扣分
2	测试 555 电路功能	20	1. 能正确安装测试 555 电路，正确测试电路功能，得 20 分 2. 安装不正确，不能正确测试视情节扣分

(续)

序号	项 目	分值	评 分 标 准
3	利用 555 构成多谐振荡器	20	1. 能正确安装 555 构成多谐振荡器电路,正确调试,且能排除调试中出现的简单问题,得 20 分 2. 不能按要求完成安装调试视情节扣分
4	利用 555 构成单稳态电路	20	1. 能正确安装 555 构成单稳态电路,正确调试,且能排除调试中出现的简单问题,得 20 分 2. 不能按要求完成安装调试视情节扣分
5	安全文明操作	15	1. 工作台面整洁,工具摆放整齐,得 5 分 2. 严格遵守安全文明操作规程,得 10 分 3. 工作台面不整洁,违反安全文明操作规程,酌情扣分
6	实训报告	15	1. 实训报告内容完整、正确,质量较高,得 15 分 2. 内容不完整,书写不工整,适当扣分

小　结

555 定时器是一种使用方便、功能灵活多样的集成器件,它的应用十分广泛,只需外接几个阻容元件就可以构成各种不同用途的脉冲电路。

多谐振荡器没有稳态,只有两个暂稳态,属于自激的脉冲振荡电路,它不需要外界的触发信号就可以自动产生具有一定频率和幅度的矩形脉冲,它主要用作脉冲信号源等。

单稳态电路只有一个稳态,在外加触发信号的作用下,可以从稳态翻转为暂稳态。依靠电路自身定时元件的充、放电作用,经过一段时间,自动返回稳态。暂稳态持续时间的长短取决于定时元件 R、C 的数值,它可用于定时、延时和整形等。

施密特触发器的特点是具有两个稳态,状态的翻转与维持受输入信号的电位控制,所以它的输出脉宽是由输入信号电位决定的,同时还具有滞后特性。由于它可将变化缓慢的脉冲波形转变成矩形脉冲,故常利用它进行脉冲波形变换、整形和幅度鉴别等。

习　题

11-1　填空题

1）555 定时器的典型应用有三种,他们分别是_____、_____、_____。

2）施密特触发器可将输入变化缓慢的信号变换成_____信号输出,他的典型应用有_____、_____、_____。

3）单稳态电路是常见的脉冲基本单元电路之一,它被广泛的用作脉冲的_____和_____。

4）单稳态电路输出脉冲宽度 t_w 与_____成正比。

5）多谐振荡器没有_____状态,只有两个_____状态,其振荡周期 T 取决于_____。

11-2　选择题

1）如将任意波形变换成矩形脉冲,需采用（　）。

A. 施密特触发器　　B. 触发器　　C. 单稳态电路　　D. 多谐振荡器

2）如果要从幅度不等的脉冲信号中选取幅度大于某一数值的脉冲信号时,应采用（　）。

A. 施密特触发器　　　　B. 触发器　　　　C. 单稳态电路　　　　D. 多谐振荡器

3）555 定时器组成的多谐振荡器输出脉冲的周期为（　　　）。

A. $0.7(R_1+2R_2)C$ 　　　　　　　　　B. $0.7(2R_1+R_2)C$

C. $1.1(R_1+2R_2)C$ 　　　　　　　　　D. $1.1(2R_1+R_2)C$

4）为了提高 555 定时器组成的多谐振荡器的频率，对外接的 R、C 值的改变应为（　　　）。

A. 同时增大 R、C 值　　　　　　　　　B. 同时减小 R、C 值

C. 同比增大 R 值减小 C 值　　　　　　　D. 同比减小 R 值增大 C 值

5）如将宽度不等的脉冲信号变换成宽度符合要求的脉冲信号时，应采用（　　　）。

A. 施密特触发器　　　　B. 触发器　　　　C. 单稳态电路　　　　D. 多谐振荡器

11-3　判断题

1）用 555 定时器组成施密特触发器的回差电压不能调整。（　　　）

2）单稳态电路可将输入的模拟信号变换成矩形脉冲输出。（　　　）

3）施密特触发器可将输入的模拟信号变换成矩形脉冲输出。（　　　）

4）单稳态电路可将输入幅度不等、宽度不等的脉冲信号整形成幅度和宽度都符合要求的脉冲信号输出。（　　　）

5）由 555 定时器组成的单稳态电路中，加大负触发脉冲的宽度可增大输出脉冲的宽度。（　　　）

11-4　电路如图 11-17 所示，已知 $U_{DD}=10V$，$R=11k\Omega$，要求单稳态电路输出脉冲宽度为 1s。试计算定时电容 C 的数值，并对应画出 u_i、u_C、u_o 的波形。

11-5　由 555 定时器构成的单稳态电路如图 11-18a 所示，试回答下列问题：

（1）该电路的暂稳态维持时间 t_w 是多少？

（2）根据 t_w 的值，确定题图 11-18b 中哪个波形适合作为电路的输入触发信号，并画出与其相应的 u_C 和 u_o 波形。

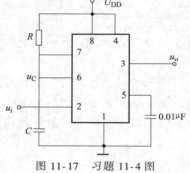

图 11-17　习题 11-4 图

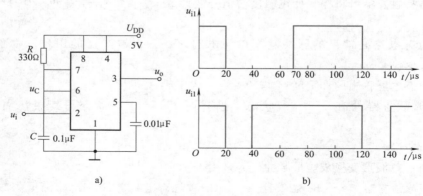

图 11-18　习题 11-5 图

a）电路　b）波形图

11-6 图 11-19 所示为 555 定时器构成的多谐振荡器，已知 $U_{DD} = 10V$，$R_1 = 20k\Omega$，$R_2 = 80k\Omega$，$C = 0.1\mu F$。求振荡周期，并对应画出 u_C 和 u_o 的电压波形。

11-7 用 555 定时器构成的多谐振荡器如图 11-20 所示。当电位器 RP 滑动臂移至上、下两端时，分别计算振荡频率和相应的占空比 D。

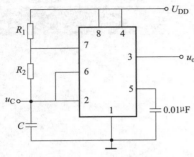

图 11-19 习题 11-6 图

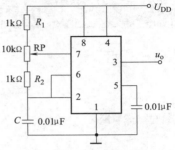

图 11-20 习题 11-7 图

第12章 数-模和模-数转换

本章导读

知识目标

1. 了解数-模转换的基本概念及其应用。
2. 了解模-数转换的基本概念及其应用。

技能目标

1. 会搭接数-模转换集成电路的应用电路、观察现象，并测试相关数据。
2. 会识别典型集成数-模转换和模-数转换电路的引脚，了解功能意义。

*12.1 数-模转换器（D-A转换器）

 话题引入

21世纪是数字化的时代，数字技术给我们的生活带来了很多变化。然而，数字电路只能对数字信号（也称数字量）进行处理。在实际应用中，需要处理的信号往往是连续变化的物理量，如温度、压力、流量、速度、电压、电流等，这些都称为模拟量。这就需要先把上述模拟量转换为数字量，然后再进入数字系统进行处理。将模拟量转换成数字量的过程称为模-数转换（或称A-D转换），把模拟量转换成数字量的装置称为模-数转换器（或称A-D转换器，也称ADC）。数字系统处理后的结果仍是数字量，有时还需要把它还原成相应的模拟量，以便实现对被控参数的自动控制。将数字量转换为模拟量的过程称为数-模转换（或称D-A转换），把数字量转换为模拟量的装置称为数-模转换器（或称D-A转换器，也称DAC）。

一个包含A-D和D-A转换器的计算机实时控制系统组成框图，如图12-1所示。

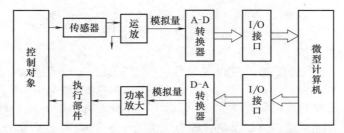

图 12-1　包含 A-D 和 D-A 转换环节的计算机实时控制系统组成框图

从图 12-1 中可以看出，A-D 转换器和 D-A 转换器在控制系统中的重要作用，它是数字计算机与模拟系统接口的关键部件，在通信、图像处理等系统中，A-D、D-A 转换器也同样起着重要的作用。

12.1.1　D-A 转换器的基本原理

【概述】　D-A 转换器是用来将数字量转换成模拟量的器件，它的基本要求是输出电压 u_o 应该和输入数字量 D 成正比，即

$$u_o = D U_{ref} \tag{12-1}$$

式中，U_{ref} 为参考电压。

$$D = D_{n-1} 2^{n-1} + D_{n-2} 2^{n-2} + \cdots + D_1 2^1 + D_0 2^0 \tag{12-2}$$

每一个数字量都是数字代码的按位组合，每一位数字代码都有一定的权，其对应一定大小的模拟量。为了将数字量转换成模拟量，应该将每一位数字代码转换成相应的模拟量，然后求和即得到与数字量成正比的模拟量。一般的数模转换器都是按这一原理进行设计的。

【D-A 转换器框图】　D-A 转换器通常由一组权电阻网络或 T 形电阻网络与一组控制开关组成，其输入端为一组数据输入线与联络信号线（控制线），其输出端为模拟信号线。D-A 转换器的基本框图如图 12-2 所示。一般单片集成 D-A 转换器芯片的电路至少包含图中点画线框内的电路部分。

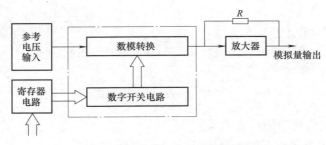

图 12-2　单片 D-A 转换器框图

12.1.2　D-A 转换器的主要技术指标

描述 D-A 转换器性能的参数很多，下面仅介绍几个主要参数。正确理解这些参数，对于设计接口电路时正确选用 D-A 转换器件非常重要。

【分辨率】　分辨率是指最小输出电压与最大输出电压之比。最小输出电压是对应的数字输入量只有最低有效位（也称 LSB）为 1 时的输出电压；最大输出电压是对应的数字输入

量所有有效位全为 1 时的输出电压。例如，对于 10 位 D-A 转换器，其分辨率为 $\dfrac{1}{2^{10}-1}\approx$

$1/2^{10}=1/1024$。

分辨率越高，转换时对应数字输入量最低位的模拟量电压数值越小，也就是说 D-A 转换器越灵敏。

【转换精度】 转换精度是以最大静态转换误差的形式给出的，这个转换误差应该包含非线性误差、比例系数误差、漂移误差、综合误差等。有的说明书只是分别给出各项误差，而不给出综合误差。通常要求 D-A 转换器的误差小于 $U_{LSB}/2$。

【建立时间】 建立时间也称转换时间，是指从数字量输入到稳定的模拟量输出所需要的时间。一般情况下，电流型 D-A 转换器的建立时间比较短，电压型 D-A 转换器的建立时间比较长。转换时间越小，转换速度越高。

12.1.3 典型 D-A 转换器 DAC0830 系列

DAC0830 系列包括 DAC0830，DAC0831，DAC0832。下面以 DAC0832 为例说明基本工作过程。

【DAC0832 组成】 DAC0832 的引线及组成框图如图 12-3 所示，其内含有一个八位 D-A 转换电路，还包括一个 8 位的输入寄存器和一个 8 位的 DAC 寄存器。当 DAC 寄存器中的数字信号在进行 D-A 转换时，下一组数字信号可存入输入寄存器，这样可提高转换速度。芯片外接集成运放，将转换成的模拟电流信号放大后转变成电压信号输出。

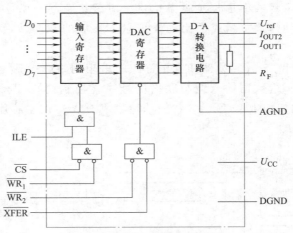

图 12-3 DAC0832 原理框图

【引脚功能】 各引脚功能简要说明如下：

1）$D_0 \sim D_7$：8 位数字数据输入，D_7 为最高位，D_0 为最低位。

2）I_{OUT1}：模拟电流输出端。

3）I_{OUT2}：模拟电流输出端，接地。

4）R_F：若外接的集成运放电路增益小，则在该引出端与集成运放输出端之间加接电阻；若外接的集成运放电路增益足够大，则不必外接电阻，直接将该引出端与运放输出端相连。

5）U_{ref}：基准参考电压端，在 $-10 \sim 10V$ 范围内选择。

6）U_{CC}：电源电压端，在 5~15V 范围内选择，15V 最佳。

7）DGND：数字电路接地端。

8）AGND：模拟电路接地端，通常与 DGND 相接。

9）$\overline{CS}$：片选信号，低电平有效。只有当$\overline{CS}=0$，ILE $=1$，$\overline{WR_1}=0$ 时，输入寄存器被打开，输入寄存器的输出随输入数据的变化而变化，然后在 CS 维持 0 的情况下，$\overline{WR_1}$由 0 变为 1 后锁存输入的数字信号，这时，即使外面输入的数字数据发生变化，输入寄存器的输出也不变化。

10）$\overline{XFER}$：DAC 寄存器的传送控制信号，低电平有效。

11）$\overline{WR_2}$：DAC 寄存器的写入控制信号。当$\overline{XFER}=0$，$\overline{WR_2}=0$ 时，DAC 寄存器处于开放状态，输出随输入的变化而变化；然后，在$\overline{XFER}$维持 0 的情况下，$\overline{WR_2}$由 0 变 1，DAC寄存器就锁存数据，其输出不随输入变化。

如上所述的在一个系统中两次锁存数据的工作方式叫双缓冲方式，它可以使系统同时保留两组数据。有时，为了提高数据传输速度，可以采用单缓冲或直通工作方式。当$\overline{XFER}=\overline{WR_2}=0$，时，DAC 寄存器处于直通状态。此时，若输入寄存器仍用$\overline{WR_1}$高低电平的变化来控制数据的直通和锁存，系统处于单缓冲工作状态；若$\overline{CS}=\overline{WR_1}=0$，ILE $=1$，输入寄存器也处于直通状态，整个系统就处于直通工作状态了。

*12.2 模-数转换器（A-D）

 话题引入

模-数转换器是将一个输入电压信号转换为一个输出的数字信号。由于数字信号本身不具有实际意义，仅仅表示一个相对大小。故任何一个模-数转换器都需要一个参考模拟量作为转换的标准，比较常见的参考标准为最大的可转换信号大小。而输出的数字量则表示输入信号相对于参考信号的大小。

模-数转换将输入的模拟电压转换成与之成正比的二进制数字量。模-数转换一般要经过"抽样保持"和"量化编码"两步实现。

12.2.1 抽样保持

抽样就是对模拟信号在有限个时间点上抽取样本值。图 12-4 所示给出了 A-D 转换电路框图。

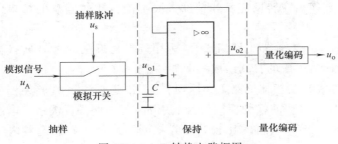

图 12-4 A-D 转换电路框图

抽样电路是一个模拟开关，图 12-4 中 u_A 是模拟信号，模拟开关在抽样脉冲 u_s 作用下不断地闭合和断开。开关闭合时，$u_{o1} = u_A$；开关断开时，$u_{o1} = 0$。这样，在抽样电路输出端得到一系列在时间上不连续的脉冲。

抽样值要经过编码形成数字信号，这需要一段时间，因为数字信号的各位码是逐次逐位编出的。在编码的这段时间里，抽样值作为编码的依据，必须恒定。保持电路的作用，就是使抽样值在编码期间保持恒定。

对图 12-4 中所示的保持电路来说，模拟信号源内阻及模拟开关的接通电阻应很小，它们与电容 C 组成的电路的时间常数应非常小，以保证在模拟开关闭合期间，电容 C 上的电压能跟踪抽样值变化。

保持电容后面接着由集成运放组成的跟随器。这种跟随器的输入阻抗极大，电容上保持的电压经该阻抗的放电极少，不会造成影响。

图 12-5 示出了从抽样到保持的信号波形。t_0、t_1…时间点上的竖直线表示在该时刻的抽样值，而阶梯波表示抽样值经保持电路展宽以后的波形。

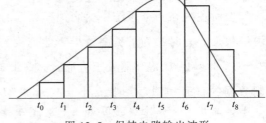

图 12-5　保持电路输出波形

可以看出，当抽样频率足够高的时候，保持电路输出的阶梯波就逼近原模拟信号。事实上，由数字信号恢复成模拟信号的时候，就是根据数字信号还原出这种形状逼近原模拟信号的阶梯波的。

为了使还原出来的模拟信号不失真，对抽样频率 f_s 的要求为

$$f_s \geq 2f_{max}$$

式中，f_{max} 是被抽样的模拟信号所包含的信号中频率最高的信号的频率。

12.2.2　量化编码

抽样保持电路得到的阶梯波的幅值有无限多个值，无法用位数有限的数字信号完全表达。我们可以选定一个基本最小量值，将其称为基本量化单位。用基本量化单位对抽样值进行度量，如果在度量了 n 次后，还剩下不足一个基本量化单位的部分，就根据一定的规则，把剩余部分归并到第 n 或第 $n+1$ 个量化电平上去。这样，所有的抽样值都是有限个离散值的集合之一。像这样将抽样值取整归并的方式及过程就叫"量化"，将量化后的有限个整数值编成对应的数字信号的过程叫"编码"。

12.2.3　A-D 转换电路

A-D 的转换方法有许多种，如计数比较法、双斜率积分法、逐次逼近法等。由于采用逐次逼近法进行 A-D 转换，在转换速度和精度方面都能得到较满意的结果，因此是目前使用较广的一种方法。

【逐次逼近法的 A-D 转换器电路组成】　采用逐次逼近法的 A-D 转换器是由一个模拟比较器和一个 A-D 转换器组成的，其组成框图如图 12-6 所示。

【逐次逼近法的 A-D 转换器电路工作原理】　逐次逼近法 A-D 转换器中，电压比较器有两路信号输入，一路是需要转换的模拟信号电压 u，另一路是反馈信号电压 u_0，这两个信号电压在比较器内进行比较，所得的比较结果经控制器后使数码设定器内所产生的数码发生变化。

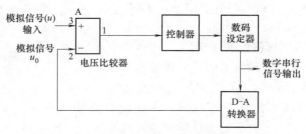

图 12-6　逐次逼近法 A-D 转换器原理框图

【逐次逼近法的 A-D 转换器电路特点】　逐次逼近法 A-D 转换器的精度高，速度快，转换时间固定，易于和微型计算机接口，故应用十分广泛。采用这种转换方式的单片集成 A-D 转换器芯片有：AD7574、ADC0809、AD5770 等。

12.2.4　集成 A-D 转换电路 ADC0809

【ADC0809 原理框图】　ADC0809 内部基本电路是逐次比较型 A-D 转换电路，其原理框图及芯片引脚和实物图如图 12-7 所示。

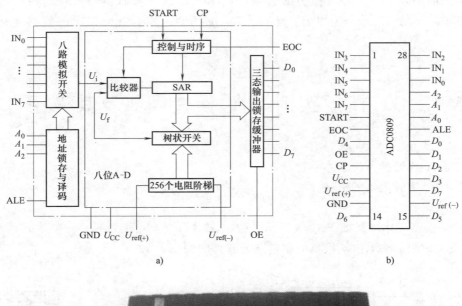

a)

b)

c)

图 12-7　ADC0809 原理框图和芯片引脚图

a）原理框图　b）芯片引脚图　c）实物图

原理框图中，SAR 是逐次比较寄存器。该电路有 8 路模拟输入信号，由地址译码器选择

8 路中的一路进行转换。转换成的数字信号有 8 位。

【ADC0809 引脚功能】

1）$IN_0 \sim IN_1$：8 路模拟信号输入端。

2）A_2、A_1、A_0：8 路模拟信号的地址码输入端。

3）$D_0 \sim D_7$：转换后输出的数字信号。

4）START：启动端。其下降沿触发，A-D 转换开始进行。其负脉冲宽度应不小于 100ns，以保证逐位编码的 8 位码有足够时间彻底编好。

5）ALE：通道地址锁存信号输入端。输入信号的上升沿锁存地址输入 $A_2 A_1 A_0$，正脉冲宽度持续时间应不小于 100ns，以确保编码期间一直是对确定的某一路模拟信号进行转换。

6）OE：输出允许端。OE = 1，触发输出端锁存缓冲器开放，输出编成的码；OE = 0，输出端锁存缓冲器处于高阻状态。

7）EOC：转换结束信号，由 ADC8089 内部控制逻辑电路产生。EOC = 0，表示转换正在进行；EOC = 1，表示转换已经结束。因而，EOC 信号可作为转换电路向微机提出的要求输送数据的中断申请信号或作为微机用查询方式读取数据时供微机查询数据是否准备好的状态信号。只有 EOC = 1 以后，才可以使 OE 为高电平，此时读出的数据才是正确的转换结果。

8）U_{ref}：基准电压。

12.3　技能实训　数-模转换器及其应用

【实训目的】

1. 熟悉数-模转换器的基本功能及其应用。

2. 学习数-模转换器的测试方法。

【实训电路】

数-模转换器应用电路如图 12-8 所示，数-模转换器仿真可通过扫一扫二维码观看。

【设备与材料】　数-模转换器应用电路元器件明细见表 12-1。

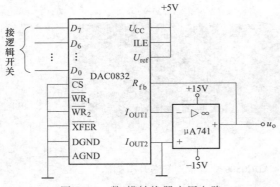

图 12-8　数-模转换器应用电路

表 12-1 数-模转换器应用电路元器件明细表

序 号	名 称	代 号	型号规格	数 量
1	数-模转换器	IC_1	DAC0832	1
2	集成运算放大器	IC_2	μA741	1
3	直流稳压电源	U_{CC}	±15V,5V	1
4	逻辑开关	$S_0 \sim S_7$		8
5	双踪示波器			1
6	万用表			1
7	面包板			1

【实训方法与步骤】

1. 观察 DAC0832 和 μA741 的外部形状,如图 12-9 所示,并区分引脚。

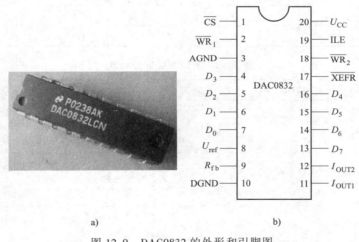

a) b)

图 12-9 DAC0832 的外形和引脚图

a）外形 b）引脚图

2. 用指针式万用表的 R×100 或 R×1k 档检测元器件质量好坏。

3. 按照图 12-8 所示数-模转换器应用电路,在实验板(或万能板)上正确搭接电路,$D_0 \sim D_7$ 接 8 路逻辑开关。

4. 在数字量输入端置 00000000B,用万用表测量输出端模拟电压 U_o。

5. 参照表 12-2 所示依次输入数字量,用万用表测出相应的输出模拟电压 U_o,记入表中。

【分析与思考】

1. 在给一个 8 位 D-A 转换器输入二进制数 11111111 时,其输出电压为 5V,试问:如果输入二进制数 00000001 和 10000000,D-A 转换器输出的模拟电压分别为何值?

2. 8 位 D-A 转换器的分辨率是多少?

【撰写实训报告】 实训报告内容包括实训数字记录,数据分析等。

【实训考核评分标准】 实训考核评分标准见表 12-3。

表 12-2　DAC0832 测试记录表

输入的数字量								输出模拟量 U_0	
D_7	D_6	D_5	D_4	D_3	D_2	D_1	D_0	理论值	实测值
0	0	0	0	0	0	0	0		
0	0	0	0	0	0	0	1		
0	0	0	0	0	0	1	0		
0	0	0	0	0	1	0	0		
0	0	0	0	1	0	0	0		
0	0	0	0	1	1	0	0		
0	0	1	1	0	0	0	0		
0	1	0	0	0	0	0	0		
0	1	1	0	0	0	0	0		
1	0	0	0	0	0	0	0		
1	1	0	0	0	0	0	0		
1	1	1	1	1	1	1	1		

表 12-3　实训考核评分标准

序号	项　目	分值	评 分 标 准
1	DAC0832、μA741 的识别与测试	20	1. 能正确识别 DAC0832、μA741 的引脚，使用万用表测量 DAC0832、μA741，并判别好坏，得 20 分 2. 测量结果不正确，不能识别引脚者，视情节扣分
2	在实验板（或印制电路板）上正确搭接电路	20	1. 能根据电路图准确无误安装电路，焊接质量好，无元器件损坏得 20 分 2. 安装不正确，没有成功或损坏元器件的，酌情扣分
3	调试电路，实训数据记录与分析	20	1. 会按程序正确使用示波器、万用表进行电路调试，得 10 分 2. 能按要求进行实训数据记录与分析，且能排除出现的简单问题，得 10 分 3. 不会进行电路调试，不能按要求完成实训数据记录与分析的，酌情扣分
4	安全文明操作	20	1. 工作台面整洁，工具摆放整齐，得 10 分 2. 严格遵守安全文明操作规程，得 10 分 3. 工作台面不整洁，违反安全文明操作规程，酌情扣分
5	实训报告	20	1. 实训报告内容完整、正确，质量较高，得 20 分 2. 内容不完整，书写不工整，视情节扣分

小　结

1. D-A 转换器将输入的二进制数字量转换成与之成正比的模拟电量。现在已采用集成 D-A 转换器。D-A 转换器的分辨率和转换精度都与 D-A 转换器的位数有关，位数越多，分辨率和精度越高。

2. A-D 转换将输入的模拟电压转换成与之成正比的二进制数字量。A-D 转换要经过

"抽样保持"和"量化编码"两步实现。逐次逼近法 A-D 转换器是最常见的一种 A-D 转换器。

习 题

12-1 填空题

1）将_____信号转换成_____信号的过程称为数-模转换或_____，并把实现_____转换的电路称为数-模转换器，或简称为_____。

2）将_____信号转换成_____信号的过程称为模-数转换或_____，并把实现_____转换的电路称为模-数转换器，或简称为_____。

3）D-A 转换器和 A-D 转换器是_____与_____之间的接口电路，是计算机用于过程控制的重要部件。

4）一般的 A-D 转换过程是通过_____、_____两个步骤来完成的。

5）根据取样定理，最低的取样频率应为模拟信号中最高频率的_____倍，即必须满足_____。

6）A-D 转换的方法有多种，常见的有_____、_____、_____等。

12-2 选择题

1）8 位的 D-A 转换器，其分辨率是（   ）。

A. 1/8   B. 1/255   C. 1/256   D. 1/2

2）衡量 A-D 转换器和 D-A 转换器性能优劣的主要指标是（   ）。

A. 分辨率   B. 线性度   C. 功耗   D. 转换精度和速度

3）10 位的 A-D 转换器，其分辨率是（   ）。

A. 1/10   B. 1/100   C. 1/1023   D. 1/1024

12-3 判断题

1）为使 D-A 转换器输出的电压波形平滑，应增加 D-A 转换器的位数。（   ）

2）增加基准电压可以使 D-A 转换器的输出波形更平滑。（   ）

3）A-D 转换器的转换误差就是量化误差。（   ）

附 录

■ 附录A 电子电路虚拟仿真软件 Multisim 简介 ■

2001 年，加拿大 IIT 公司将国际知名仿真软件 EWB 升级为 Multisim，2005 年，加拿大 IIT 公司并入美国国家仪器公司（简称 NI 公司），NI 公司又相继推出 Mmltisim 的多个升级版本。昔日的 EWB 已无法与 Multisim 相提并论了，今日的 Multisim 功能更加强大，操作更加简便，界面更加直观，仿真结果更加精确可靠，受到全球 IT 行业的推崇。

在计算机广泛应用的今天，只要在计算机上安装 Multisim 软件，就相当于拥有了一个器件齐全、设备精良的实验室，就可以根据需求搭接各种电路，接上相应仪器仪表，运行仿真，测试得到精确的数据和直观的波形，使实验做得既快又准。不但有利于学生对理论知识的理解，而且能强化学生实践动手能力的培养，Multisim 软件简介可通过扫一扫二维码在线观看。

1. Multisim 的基本功能

【建立电路原理图方便快捷】 Multisim 为用户提供有数万种现实元器件和虚拟元器件，绘制电路图时只需打开器件库，再用鼠标左键选中要用的元器件，并把它拖放到工作区，即可完成放置元器件操作。当光标移动到元器件的引脚时，软件会自动产生一个带十字的黑点，进入到连线状态，单击鼠标左键确认后，移动鼠标即可实现连线，建立电路原理图既方便又快捷。

【用虚拟仪器仪表测试电路性能参数及波形准确直观】 Multisim 软件提供了 13 种常用仪器仪表，用户需要时可不受数量限制地在电路图中接入这些仪器仪表，像使用真实仪器仪表一样方便地测试电路的性能参数及波形。

【多种类型的仿真分析】 Multisim 可以进行直流工作点、交流信号、瞬态等多种分析，分析结果以数值或波形直观地显示出来，为用户设计分析电路提供了极大的方便。

2. Multisim 的启动

Multisim 安装完毕后，在"开始"菜单和"Multisim"文件夹中都有一个"Multisim"应用程序，用鼠标左键双击该应用程序图标即可启动，如图 A-1 所示。

3. Multisim 的主窗口界面

【Multisim 的主窗口】 启动程序后即进入 Multisim 主窗口，如图 A-2 所示。

图 A-1 "Multisim"应用程序图标

主窗口的最上部是标题栏,显示当前运行的软件名称。接着是菜单栏,再向下一行是系统工具栏、屏幕工具栏、设计工具栏、使用元器件列表窗口和仿真开关,主窗口中部最大的区域是电路工作区,用于建立电路和进行电路仿真分析。窗口的左侧是元器件库工具栏,右侧为仪器库工具栏。主窗口最下方是状态栏,显示当前的状态信息。

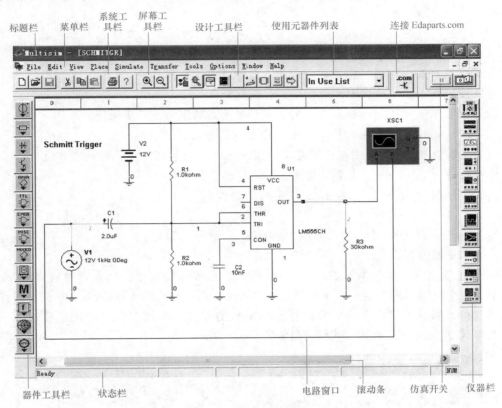

图 A-2 Multisim 的主窗口

4. Multisim 的工具栏

为方便用户操作,Multisim 设置了多种工具栏:系统工具栏、屏幕工具栏、设计工具栏、器件库工具栏、仪器库工具栏等。

【系统工具栏】 Multisim 的系统工具栏如图 A-3 所示。

图中系统工具栏的按钮与其他软件的系统工具栏意义相同,从左至右分别为:新建文件、打开文件、存盘、剪切、复制、粘贴、打印和帮助。

【屏幕工具栏】 Multisim 的屏幕工具栏如图 A-4 所示。屏幕工具栏的两个按钮分别为对电路窗口进行放大、缩小的操作。

图 A-3 系统工具栏   图 A-4 屏幕工具栏

【设计工具栏】Multisim 的设计工具栏如图 A-5 所示。

设计工具栏是 Multisim 的核心,使用它可进行电路的建立、仿真及分析,并最终输出设计数据等。虽然菜单命令也可以执行这些设计功能，但使用设计工具栏进行电路设计将会更方便易用。这9个设计工具栏按钮从左至右分别为：

图 A-5 设计工具栏

元器件设计按钮（Component）：用来确定元器件工具栏是否放到电路界面上。

元器件编辑器按钮（Component Editor）：用来调整或增加元器件。

仪表按钮（Instruments）：用来给电路添加仪表或观察仿真结果。

仿真按钮（Simulate）：用来确定开始、暂停或结束电路仿真。

分析按钮（Analysis）：用来选择要进行的分析。

后处理器按钮（Postprocessor）：用来进行对仿真结果的进一步操作。

VHDL/Verilog 按钮：用来使用 VHDL 模型进行设计。

报告按钮（Reports）：用来打印有关电路的报告（材料清单、元件列表和元件细节）。

传输按钮（Transfer）：用来与其他程序进行通信。

【使用元器件列表栏】 Multisim 的使用元器件列表栏如图 A-6 所示。

图 A-6 使用元器件列表栏

使用元器件列表栏列出了当前电路所使用的全部元器件，以供检查和重复使用。

【元器件库工具栏】 Multisim 的元器件库工具栏按元件模型分门别类地放到 14 个元器件库中，每个元器件库放置同一类型的元器件。由这 14 个元器件库按钮（以元器件符号区分）组成的元器件工具栏，通常放置在工作窗口的左边。不过，也可以任意移动这一工具栏，如图 A-7 所示为元器件工具栏横向放置。

图 A-7 元器件工具栏

图 A-7 所示的 14 个元器件库按钮从左至右分别是：电源库（Sources）、基本元器件库（Basic）、二极管库（Diodes Components）、晶体管库（Transistors Components）、模拟元件库（Analog Components）、TTL 器件库（TTL）、CMOS 器件库（CMOS）、各种数字元件库（Misc. Digital Components）、混合器件库（Mixed Components）、指示器件库（Indicators Components）、其他器件库（Misc. Components）、控制器件库（Controls Components）、射频器件库（RF Components）和机电类器件库（Electro-Mechanical Components）。

【仪器库工具栏】 Multisim 的仪器库工具栏如图 A-8 所示。该工具栏有 11 种用来对电路进行测试的虚拟仪器，习惯上将该工具栏放置在窗口的右侧，为了使用方便，也可以将其

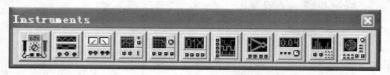

图 A-8 仪器库工具栏

横向放置。

这 11 个虚拟仪器从左至右分别是：数字万用表（Multimeter）、函数信号发生器（Function Generator）、瓦特表（Wattmeter）、示波器（Oscilloscope）、扫频仪（Bode Plotter）、字信号发生器（Word Generator）、逻辑分析仪（Logic Analyzer）、逻辑转换器（Logic Converter）、失真分析仪（Distortion Analyzer）、频谱分析仪（Spectrum Analyzer）和网络分析仪（Network Analyzer）。

5. 工作区窗口

主窗口中间最大的区域是工作区窗口，也称为 Workspace，是一个对电路操作的平台，在此窗口可进行电路图的编辑绘制、仿真分析及波形数据显示等操作。

6. 仿真开关

Multisim 的仿真开关如图 A-9 所示。

图 A-9　仿真开关

Multisim 的仿真开关共有"启动/停止"和"暂停/恢复"两个按钮，用来控制仿真进程。

7. Multisim 的关闭

要关闭 Multisim 的主窗口，可以用鼠标左键单击主窗口右上角的关闭按钮；也可以执行"File \ Close"命令。关闭前如果你没有将编辑文件存盘，系统将弹出一个对话框，提示你保存电路文件，如图 A-10 所示。根据需要单击对话框中的"是"或"否"按钮，即可将 Multisim 文件关闭。

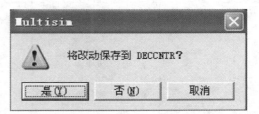

图 A-10　关闭 Multisim 文件时的提示

附录 B　国产半导体器件型号命名方法

根据"中华人民共和国国家标准 GB/T 249—1989"，半导体分立器件型号命名通常由 5 个部分组成。具体的符号及含义见表 B-1。

表 B-1　国产半导体器件型号组成部分的符号及其意义

第一部分		第二部分		第三部分				第四部分	第五部分
用数字表示器件的电极数目		用汉语拼音字母表示器件的材料和极性		用汉语拼音字母表示器件的类型				用数字表示器件序号	用汉语拼音字母表示规格号
符号	意义	符号	意义	符号	意义	符号	意义		
2	二极管	A	N 型,锗材料	P	普通管	D	低频大功率管		
		B	P 型,锗材料	V	微波管	A	高频大功率管		
		C	N 型,硅材料	W	稳压管	T	半导体闸流管		
		D	P 型,硅材料	C	参量管		（可控整流器）		
3	三极管	A	PNP 型,锗材料	Z	整流管	Y	体效应器件		
		B	NPN 型,锗材料	L	整流堆	B	雪崩管		
		C	PNP 型,硅材料	S	隧道管	J	阶跃恢复管		
		D	NPN 型,硅材料	N	阻尼管	CS	场效应器件		
		E	化合物材料	U	光电器件	BT	半导体特殊器件		
				K	开关管	FH	复合管		
				X	低频小功率管	PIN	PIN 管		
				G	高频小功率管	JG	激光器件		

例如：3AG11C 表示 PNP 型锗材料高频小功率晶体管。但是场效应晶体管、半导体特殊器件、复合管、PIN 型管和激光器件等型号则只由第三、第四和第五部分组成。

附录 C 国产集成电路型号命名方法

依据 GB 3430—1989 国家标准，集成电路型号命名方法见表 C-1。

表 C-1 集成电路型号组成部分的符号及其意义

第 0 部分		第一部分		第二部分	第三部分		第四部分	
用字母表示器件符合国家标准		用字母表示器件的类型		用阿拉伯数字表示器件的系列和品种代号	用字母表示器件的工作温度范围		用字母表示器件的封装	
符号	意义	符号	意义		符号	意义	符号	意义
C	符合国家标准	T	TTL 电路		C	0～70℃	W	陶瓷扁平
		H	HTL 电路		E	−40～85℃	B	塑料扁平
		E	ECL 电路		R	−55～85℃	F	多层陶瓷扁平
		C	CMOS 电路		M	−55～125℃	D	多层陶瓷双列直插
		F	线性放大器		⋮	⋮	P	塑料双列直插
		D	音响、电视电路				J	黑陶瓷双列直插
		W	稳压器				K	金属菱形
		J	接口电路				T	金属圆形
		B	非线性电路				⋮	⋮
		M	存储器					
		⋮						

示例

1) 肖特基 TTL 双 4 输入与非门

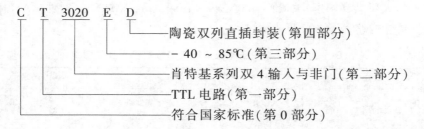

C T 3020 E D

　陶瓷双列直插封装（第四部分）
　－ 40 ～ 85℃（第三部分）
　肖特基系列双 4 输入与非门（第二部分）
　TTL 电路（第一部分）
　符合国家标准（第 0 部分）

2) CMOS 8 选 1 数据选择器

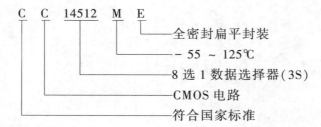

C C 14512 M E

　全密封扁平封装
　－ 55 ～ 125℃
　8 选 1 数据选择器（3S）
　CMOS 电路
　符合国家标准

3) 通用型运算放大器

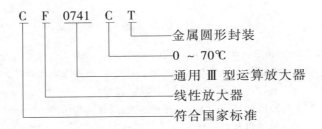

C F 0741 C T

金属圆形封装

0 ~ 70℃

通用 Ⅲ 型运算放大器

线性放大器

符合国家标准

附录 D　常用逻辑符号新旧对照表

依据 GB/T 4728.12—2008 国家标准，常用逻辑符号新旧对照表见表 D-1。

表 D-1　常用逻辑符号新旧对照表

名称	国标符号	曾用符号	国外流行符号	名称	国标符号	曾用符号	国外流行符号
与门				传输门			
或门				双向模拟开关			
非门				加半器			
与非门				全加器			
或非门				基本 RS 触发器			
与或非门				同步 RS 触发器			
异或门				边沿（上升沿）D 触发器			
同或门				边沿（下降沿）JK 触发器			
集电极开路的与非门				脉冲触发（主从）JK 触发器			
三态输出的非门				带施密特触发特性的与门			

参 考 文 献

[1]　王廷才. 电子技术 ［M］. 北京：高等教育出版社，2006.

[2]　王廷才. Multisim 11 电子电路仿真分析与设计 ［M］. 北京：机械工业出版社，2012.

[3]　白淑珍. 电子技术基础 ［M］. 北京：电子工业出版社，2004.

[4]　王成安. 电子技术基础与技能 ［M］. 北京：人民邮电出版社，2010.

[5]　高传贤. 电子技术应用基础项目教程 ［M］. 北京：机械工业出版社，2009.

[6]　许胜辉. 电子技能实训 ［M］. 北京：人民邮电出版社，2005.

[7]　余孟尝. 电子技术 ［M］. 北京：高等教育出版社，2005.

[8]　孙丽霞. 电子技术实践与仿真 ［M］. 北京：高等教育出版社，2005.

[9]　陈梓城. 电子技术实训 ［M］. 北京：机械工业出版社，1999.

[10]　王廷才. 电子技术实训 ［M］. 北京：机械工业出版社，2002.

[11]　杨志忠. 数字电子技术 ［M］. 北京：高等教育出版社，2003.

[12]　胡宴如. 模拟电子技术 ［M］. 北京：高等教育出版社，2004.

[13]　王廷才. 电子技术实训 ［M］. 北京：高等教育出版社，2003.

[14]　聂广林，任德齐. 电子技术基础 ［M］. 重庆：重庆大学出版社，2003.

[15]　沈任元，吴勇. 常用电子元器件简明手册 ［M］. 北京：机械工业出版社，2000.

[16]　陈雅萍. 电子技能与实训（基础版）［M］. 北京：高等教育出版社，2007.